U0352100

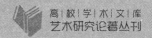
高校学术文库
艺术研究论著丛刊

生态理念下的景观造型设计与实践

周 丁 著

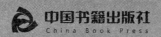
中国书籍出版社
China Book Press

图书在版编目 (CIP) 数据

生态理念下的景观造型设计与实践 / 周丁著 . —
北京：中国书籍出版社，2017.4
ISBN 978-7-5068-6160-1

Ⅰ.①生… Ⅱ.①周… Ⅲ.①景观设计 – 造型设计
Ⅳ.① TU983

中国版本图书馆 CIP 数据核字（2017）第 091852 号

生态理念下的景观造型设计与实践

周　丁　著

丛书策划	谭　鹏　武　斌
责任编辑	吴化强
责任印制	孙马飞　马　芝
封面设计	马静静
出版发行	中国书籍出版社
地　　址	北京市丰台区三路居路 97 号（邮编：100073）
电　　话	（010）52257143（总编室）（010）52257140（发行部）
电子邮箱	chinabp@vip.sina.com
经　　销	全国新华书店
印　　刷	三河市铭浩彩色印装有限公司
开　　本	710 毫米 ×1000 毫米　1/16
印　　张	16.75
字　　数	235 千字
版　　次	2018 年 10 月第 1 版　2018 年 10 月第 1 次印刷
书　　号	ISBN 978-7-5068-6160-1
定　　价	64.00 元

目　录

第一章 景观设计与生态理念的诠释

通过对景观设计与生态理念进行科学理性的分析,探讨问题的解决方案和解决途径,并监理设计的实现,以此来营造优美、健康、生态、可持续的生活环境,达到实用目的和艺术目的。本章将对景观设计与生态理念展开论述。

第一节 景观设计理论与专业属性

一、景观设计理论

(一)景观设计的释义

景观作为人与自然共同组成的生态系统,是在一定区域内由地形、地貌、土壤、水体、植物、动物等所构成的综合体,是具有结构性、功能性和有机联系性的系统。

景观设计学是关于景观的分析、规划布局、设计、改造、管理、保护和恢复的综合性技术科学和设计艺术。它研究的内容涉及气候、地理、水文等自然要素,也包含了人工构筑物、历史传统、风俗习惯、地方色彩等人文元素,反映了一个地域的综合情况。

(二)景观设计的研究目的

环境景观设计的研究主要是通过对构成环境景观的特性和

特色的原因进行解析,以便于人们能正确认识、合理地利用和开发以及继承、发展这些人文景观特色,并在此基础上创造出具有连续性、持续性的新型环境景观,最终使我们生活的实体空间形态具有鲜明的个性和多样性以及生活环境中的自然生态得到良性循环和可持续发展。这是学习和研究环境景观设计理论的根本目的和出发点。

(三)景观设计的研究内容

1. 规划

规划是景观设计中极为关键的一项内容,是景观设计的基础,是贯串整个景观设计工程的主导。它直接决定和关系着景观设计工程的整体质量以及长远发展。

景观设计中所涉及到的规划是直接与城市规划有关的,但又在一定程度上表现得不完全一致。因为,景观设计大多是在政府宏观调控下、在城市规划设计部门的规划基础之上的具体的设计行为。就我国目前的情况来看,景观设计师可能有望直接参与城市规划部门在重大规划项目中的方案制定和设计工作,成为紧密协作的专业队伍中的重要成员,但却不大可能充当城市规划师的角色。因此,从艺术设计的角度出发,可以将规划划分为两类。一类是宏观角度的城市综合土地规划,即城市规划师所从事的规划。另一类是具体景观项目工程中的规划,即景观设计中所涉及的"场景规划"。二者本为一体,但又存在专业上的具体区别,在一定程度上,前者相对于后者更具制约作用。

2. 园林

从学科体系的角度上讲,园林(学)与景观设计学之间并没有太大的区别,从一定程度上讲是可以等同的。当然,这是从大的概念上讲的。比如景观设计学中需要涉及规划、园林(绿化)、建筑、市政工程、艺术设计以及大众行为心理等方面的学科内容;园林学几乎也同样涉及这些内容。景观设计学注重于生态学的研究,园林学也同样如此,而且早有建树,中国古典园林中就有很好的例证。山、水、植物、建筑是园林艺术中的四大构成元素,也是景观设计中最为根本的构成要素。区别在于人们对于二者的认识和由此产生出的观念。园林学与景观设计学,因二者分别产生于不同的时代背景,必然传达出较强的和各自不同的时代特征。同时,因受当时政治、经济、人文等方面的影响,园林学与景观设计学必然也会在各自的内涵上产生区别。所以,从这个意义上讲,园林又不等同于景观设计。

在历史发展中,园林学产生于前,景观设计学发生于后。园林是景观设计的基础,是景观设计的核心。园林有着自己非常悠久的发展历史,在世界范围内,中国、西亚、希腊是著名的三大园林系统的发源地,都为人类的园林学发展做出过不可磨灭的贡献。景观设计是在园林艺术的基础上,进一步扩充了它的内涵,并最终成为具有划时代人文理念的学科体系。

在景观设计中,园林实际上主要是指园林学中所包含着的一些构成元素,而不是指整体概念的园林学。如园林中的山(包括对自然山体的巧妙而恰当的利用,以及人工的叠石堆山)、水(包括对于自然水体的合理恰当的利用,以及人工的理水造湖)、植物(包括对自然植物,特别是对珍稀或古老植物的保护,以及人工对于草地、灌木、乔木等植物的科学培植和合理规划)三个方面。园林(山、水、植物)是景观设计的核心,更是维护整个地球自然生态系统的核心。

在实际工程中,对于植物、水系统以及山石等园林要素的技术性工作方面,景观设计师在掌握其一般性常识的基础上(如植物的种类、生长地区及习性、基本造型等),更多的是需要相关专家的指导和配合,从而使景观设计得到合理地和科学地完美展现。

3. 建筑

建筑是景观设计中最为重要的构成因素之一。建筑是科学同时也是艺术,在我国的学科体系中,建筑自成体系,称为建筑学。建筑是建筑物和构筑物的通称，是一个多元素的复杂存在，建筑具有物质意义，同时也具有精神意义。建筑学中包括着极其深广的知识内容，显然不是本书详细而深入地进行分析和研究的范围，也非本作者能力所及。但是，鉴于建筑对景观设计所产生的重大影响，我们又不得不对建筑在功能、形式风格以及外部装饰方面做必要的、然而是粗略的分析和探讨。

由于中西方文化方面的差异，建筑艺术中也不例外地会出现较为明显的区别。西方国家在长期的建筑艺术探索中，大致经历了古埃及、希腊、罗马以及拜占庭、哥特式、文艺复兴、巴洛克、洛可可以至后来的现代和后现代建筑发展时期。其不同时期所具有的独特而美好的建筑艺术风格给后人留下不可磨灭的深刻印象。中国建筑艺术受本土传统文化以及一整套哲学观念、伦理和宗教思想的影响，在建筑艺术发展过程中，显示出博大、深远、含蓄的意境之美和独特结构形式的建筑风格。

建筑所具有的实际功能有很多，但最终可归纳为实用、生理、审美三类，离开功能需要的建筑无丝毫的存在意义。建筑中包括为政府机关人员工作的场所，有为学生提供教育的学校教室，以及为满足人们住宿、饮食、购物、娱乐、医疗、安全、卫生等公用或私家场所和设施。建筑大都根据具体的使用要求而呈现出特有的艺术风格，其外部装饰也各具风采；另外还有部分建筑出于具体要求制作或接受的广告等等。这些都为景观设计师提供了极为重要的创作素材。

4. 市政工程

市政工程主要是指道路、桥梁以及其他公共设施。市政工程是景观设计中的重要组成部分，同时也是城市发展的重要标志。

当然，对于道路、桥梁的规划与设计，目前在我国可能还不是景观设计部门能够解决的问题，它们基本上是由城市规划部门来完成的。只有在一些特定的功能区域，譬如在公园、学校、居民区，以及其他不在政府宏观调控下所具体限定的区域和项目，这种情况下的道路和桥梁的规划与设计,才可能成为景观设计部门中具体的工程设计内容。但是,无论如何,道路与桥梁的规划与设计,无疑早已成为景观设计,特别是城市景观设计中最为基本的构成和设计内容。在城市发展中,道路与桥梁对于整体布局、区域划分、人车疏导、美化环境等方面起到了极为关键的作用。

作为市政工程中的一个部分,公共设施在景观设计中的作用同样是很大的,它为城市市民在众多方面提供了方便。公共设施的类型有很多,譬如提供人们用来通信的设施,可以为人们提供休息、娱乐或乘凉的设施,以及各种安全和卫生设施、照明设施等等。公共设施仿佛是具有生命的点,贯串分布于景观中的线(如道路、河流等)、面(如建筑群)之中。

5. 公共艺术

在景观设计中,直接以美术造型形式为媒介体的审美形态是构成完美设计的重要因素,特别是在其视觉中心部位尤其关键。例如"城市雕塑"或"城市小品"就属于"公共艺术"范围。

公共艺术有广义和狭义之分,广义上讲,大凡一切具有公共性的为公众服务的艺术形态都可称之为公共艺术。这里,我们从专业设计的角度出发,也就是从相对狭义的角度来讲,即是指那些置于景观设计之中的以美术造型为媒介体的审美形态,如壁画、雕塑以及同时具有美术造型特征而以装置、水体、多媒体等其他形式出现的审美形态。

公共艺术作为景观设计中的一个重要的组成部分,无论身处何处,譬如:广场、公园、学校、街道、居民小区以及某种特定功能的公共空间等,其形态、色彩、材料、尺度等方面都毫无例外地要受到它所依赖的整体景观设计的制约,当然公共艺术也自然会反作用于整体的景观设计,从而产生或优或劣的影响。

应该说,公共艺术是介于纯艺术与设计之间的艺术形式,具有边缘性,建立整体的意识是景观设计师或公共艺术家的工作关键和所要遵循的最基本的法则。公共艺术与一般纯艺术不同,其最大区别在于它的非独立存在性。纯艺术需要作者个性化的展示,没有个性的纯艺术作品不能长久地生存,它不需要特定的展示背景作依托,它也不勉强甚至不强行吸引观者的目光,从某种意义上讲它只需要仁者见仁,智者见智。而公共艺术总是要相对于某一具有特定功能的人文景观环境而言的,是要面向大众的,是要符合大众行为和审美心理的。当然,这并非否定了公共艺术所需要的个性化特征,只是因为公共艺术是景观设计中的一部分,所以,必然要求把公共艺术的个性隐藏在共性之中。

景观设计中的公共艺术,在类型上可包括众多的方式,如壁画、雕塑、彩绘、镶嵌以及公共标识等。设计时需要能够从整体景观规划的角度,整体地去把握相关内容。

二、专业属性

(一)造型问题

景观设计需要围绕整体规划这个中心,在艺术造型上,合理考虑景物在位置、形状、尺度、材料、色彩、质感、肌理以及施工制作等方面的问题。同时也要考虑自身风格和大众审美取向方面的问题。

(二)物境与人文的问题

景观艺术设计中一个非常重要的问题就是如何处理好物境与人文关系的问题。

在评价一件景观艺术设计作品的时候,有一种现象,就是从设计的表面看问题,而不去管这件作品是否符合或更好地体现了所表现地区的人文精神,更不管作品到底能够产生出什么样的长期影响。结果是一味追求所谓的新颖、漂亮,毫无意义的局部景观以及材料的堆砌,甚至出现形式内容东搬西抄,随意嫁接等现象。这是一个非常令人感到悲哀的事情,这样的事情不仅会发生在学术界、教育界,更可怕的是它常常出现在实际工程方案的确立和"竞标"过程中。

在景观艺术设计过程中,设计师必须首先考虑所在地域的人文条件和背景,将该地区的民族或乡土的文化因素、历史文脉的延续性、特定的民间风俗等有机地联系在一起,作为贯串设计始终的指导思想;并通过物境表达,充分表现出这一地区的整体人文精神和面貌。

(三)空间与时间的问题

作为环境艺术中的一个子系统,景观艺术设计是一个融时间、空间、自然、社会和其他艺术门类为一体的综合艺术设计形式。这里,我们借用清华大学建筑系萧默先生的一段文字,这段文字刊登在他的系列论文《夜谈录》(之五)中,原文是写环境艺术的,但是,在我看来,将它用于这里同样也是较好的解释。① 所以,环境艺术虽然并不排斥对于各构成要素的静态的可望,但更加看重的却是对于全序列的动态的可求。总之,环境艺术不是单纯的空间艺术,也不是单纯的时间艺术,而是空间与时间结合。

(四)自然与人工的问题

我们通常所说的景观包括三种——天然的景观、人造的景观和天然、人工结合的景观。对于景观的艺术创造来说,作者认为,通过探索和爱惜本来存在的天然景色,也可以在原有的天然景色的基础上进行科学的设计与再次创作,让原有的景色更具观赏性、艺术性,给景色赋予新的生命力。这比完全人造的景色更具

---

① 他写道:"……所有自然的与人工的构成因素,被融合成一体化的空间形象以后,就已经不止是自己的了,已不仅是二维的画面和三维的体量、景观或静止的虚空,更为本质的是这些二维的、三维的空间已被纳入于随时间的流程而依次出现的空间——时间中去了。在序列中,它们交替地成为环境中某一局部的感受中心,发出不同的形象信息,激发出不同的感情火花,被环境艺术家匠心独运地缀合成一条长练,闪动着,跳跃着。于是就整条序列而言,就有了引导、铺垫、激发、高潮、收束和尾声的依次出现,跌宕起伏若行云流水,显示着交响诗般的韵律与和谐。"

美感,应该作为景观艺术设计的首要行为来看待。当然,我们并非忽视或否定人工景观的实际和积极意义。中国古典园林中许多让后人感到骄傲的优秀典范早已证明,人工园林(景观)同样是景观艺术设计中非常重要的方式。但是,从长远的自然保护的角度上讲,过多的人工制造势必对大自然和整个生态系统带来伤害,这些伤害中有些往往是致命和无法挽回的。至今,因为人的盲目行为所导致产生的,对于大自然造成永久而致命伤害的现象屡见不鲜,观之,则令人触目惊心。

第二节　生态设计与景观的生态性

一、生态设计的定义

生态学是一门关注生物体与其周围物理环境关系的科学。如今,生态学家已经开发出用于评估不同环境内部和环境之间关系质量或完整性的度量标准。因此,我们可以说,生态设计是一个积极塑造复杂环境形式和运行方式的过程,并在这样一种组织的过程中,如果可能的话,协助维持并增强一个区域生态关系的完整性。

为了扩大定义范围,我们提倡生态设计的目的是保护和创造能够使生命形式具有弹性应对力的结构和过程,增加物种多样性并且改善人类和非人类社区的健康。

二、模式与过程的关系

生态系统是由人与大自然界的生物一同构成的,不同生物的交叉影响会直接对生态系统产生作用。每个地方的生态环境都具有其独有的特点,我们往往认为我们对生态的影响还没有超过其承受的范围,其实不然,这对我们赖以生存的环境是具有毁灭性的影响的,比如说因人类活动所产生的温室气体造成全球气候变暖。所以我们需要景观设计师从各个角度去探索处理这个问题的方法。

图 1-1 所示为西部海港和船锚公园(地点:瑞典,马尔默),作为马尔默建设碳中性可持续发展城市愿景目标的一部分,西部海港区将新建 600 个自供能住房。同时,这些住房将通过自行车和其他交通方式很好地相互联系。屋顶和道路上的雨水通过船锚公园的水边生物群落收集和清理。

图 1-1　西部海港和船锚公园

三、景观生态学原理的应用

我们所生存的环境是一个循环的系统,生态系统中的每一环都至关重要,与整个系统息息相关,如何把对生态系统的影响降到最低,让整个环境保有其自身的恢复性,以确保这个生态系统的健全完整,这是我们值得思考的问题。除此之外,我们所学习的环境设计是服务于人与自然的一门学习科目。我们需要利用我们所学的知识来解决生态环境中的问题,以此来保护我们赖以生存的环境。

图 1-2 所示为新西兰惠灵顿的怀唐伊公园,这个海滨公园采用了一个可循环的清洁和保护水资源的方法。受污染的怀唐伊溪从 450 公顷的城市化地区的上游通过地下管道被泵入一个地下湿地来净化污染物。然后经过湿地的通道,被收集和存储到蓄

水池,最后被用来灌溉公园的草坪。

图 1-2　怀唐伊公园

四、可持续与可再生设计

(一)可持续设计

可持续设计的核心目标是在尽量少的或零浪费的前提下保护和管理资源。这个资源的关注点说明了资源是被人类所用和消耗的,如原油、树木和金属,同时也包括生态系统及其所提供的生态功能。对物质和能源的高效利用涉及现在所普遍强调的循环和再利用措施。

在生态设计中,原有的环境通常是被保护而不是被改造的。同时,生态设计将实现一系列的三重目标,即不仅保护环境资源而且维护社会和经济价值。从可持续观点来看,能实现三重目标的项目能为社会带来最大的收益。

(二)可再生设计

可再生设计比可持续和适应性设计更加深入,它关注的是生态系统的恢复和为人类创造新的资源。一个可再生设计概念的目的是随着时间的推移,通过催化自然和人类进程来改善环境、增大产量和提高生态系统的完整性。闭循环系统而非线性系统一般被用来保护和再生资源及生态系统,例如,水收集处理系统就是这样一个例子,它不但能够维系栖息地,而且净化后的水还被重新利用在居住区和工业生产中。对于产品而言,这个概念有时又指"从摇篮到摇篮",即产品被不断地改进以创造新的材料,其废料作为有价值材料也被重新利用。

可再生设计要同时考虑到社会需求和自然系统的长期完整性。这一点在城市中,即人们的互动和情感对有效实施可再生设计具有重要作用的地方显得尤为明显;人们的行为常被要求协助项目中的景观再生设计,因为城市景观常被城市中的能量流所影响。因此,场地和设计过程中的公众参与是很重要的,这是由于公众是长期保护和管理景观的得力因素和重要途径。

从理论上来说,一个景观建筑师会全面参考先前讨论过的三个设计角度:适应性、可持续和可再生。这样,所设计的景观应该在维持基本完整性和为整个系统提供适应性的同时,能够对环境变化做出调整。进一步来说,这样的景观将在物质和建设过程中保护资源,同时带来社会经济价值。最终,这些景观将有利于资源再生并且提供可以自我管理、自我更新和有益于多种生态的更好的自然和人居环境。

五、当代生态思想

"绿色城市主义""可持续城市化""景观都市主义"和"生态城市主义"是当今生态设计的四个趋势,主要关注城市景观在促进整个城市和大都市区以及全球环境的健康状况中的作用。据蒂姆·比特利和道格·法尔所描述的"绿色"和"可持续发展"的城市主义理论,城市规划和设计实践是在增加发展密度的同时降低对环境的影响,改善个人和社区卫生并增加人与自然亲密接触的机会。

"景观都市主义"侧重理论性,它提出用以景观为基础的城市设计策略来帮助城市适应快节奏的变化。"景观都市主义"认为根据城市与自然关系的复杂性、不确定性和多面性，应从动态的角度看待城市设计。"生态城市主义"建立在这三个理论基础上，它强调对开放型社会进程的需要以及在相互联系密切并且日益全球化的城市中，具有能够反映合乎道德和生态自觉性的设计技巧。

图1-3所示为上海后滩公园，其坐落在黄浦江边的一个废弃工业用地上，现今它为城市提供生态基础设施、清理受污染的河水并为防洪提供足够的空间。在大都市迅速城市化的背景下，它也作为粮食产地、栖息地以及教育和市民休闲娱乐用地。

图1-3 上海后滩公园

这些概念的实际应用是强调景观的形式和设计过程应作为城市基础设施而发挥作用。这样看来，基础设施不必局限为街道和地下管道，而是包括从保护和恢复城市森林、维护开放空间、合并闭环水文系统、提供对环境产生较少影响的替代交通设施中获得的收益。这一综合的高效能的新兴景观设计概念表明，被设计过的场所可以为城市和地区提供有效的生态、社会和经济服务。国际范围内所推崇的城市自行车网络、公园、洁净用水、动植物的栖息地以及收集和循环利用废水并将其转化成饮用水的系统，是现今逐渐升温的全球生态热潮的最好例证。

第三节 城市生态学研究

一、城市生态学的研究意义

人类与自然长期被认为是相互分离的事物。这种二分法对人们认识自身有着深刻的影响：城市是人类生活的地方，而非城市区域则是自然存在的地方。在这种独特文化的影响下，产生了众多互相联系的学科，包括市政工程、建筑学、城市规划和设计等。而这种感知上的分割也深刻地影响了那种不仅要控制自然，还要控制人类行为的愿望。因此，正统设计的本质特征，就是对塑造人类环境的自然和文化过程几乎不甚理解也不愿深究，同时对当今大部分城市中多文化社区的特殊需求也漠不关心。

因此，只有通过研究生态学的观点，将总体城市景观和居住在其中的人们都考虑在内，才能找到解决这些冲突的方法。这包括那些在当前被认为对城市公共景观贡献不大的非结构性空间和社会环境，当然也包括那些能够发挥作用的空间和环境。为了进一步探究这一观点，我们必须对前工业时代及现代城市留下来的遗产予以审视。

生态景观设置的实质是通过艺术或想象力的创造，景观也许跟它原来的形式不太一样，但是仍然能够产生多样和健康的环境。在历史上，人类作为变化的作用者，早已通过改造大地来维持其生存：灌溉土地来形成肥沃的农田，为了获取燃料和原材料而开发地球，但是人类经常对其活动对原始景观造成的影响毫无意识。尽管当今世界展现了无数破坏性变化的例子，但是还是有很多环境受益的，这一点十分重要。人为过程或自然过程，都在持续不断地改变着土地。设计的本质是一种手段，激发有目的的和有益的变化，而生态系统和人类都是其不可缺少的基础。

二、适应性与城市生态学

适应性理论将系统看作是复杂的、自我组织的、无法预测的和对时空变化能够做出反应的。同生态过程有关,适应性与动态平衡息息相关。例如,当生态系统达到了一个相对稳定的状态,一个或一系列外延干扰因素,如暴风雨、物种入侵、过度养分负荷或者土地性质转换,都可能迫使生态系统受到阻碍而终止生态过程。这些阻碍或"临界点"在适应性强的生态系统中是可以避免的。例如,生物多样性就是通过不同物种相似的实践功能来增强生态系统的适应性的。

适应性这一概念现在被用于城市规划和设计中,因为城市像生态系统一样复杂,并对进出其中的无数能量流具有适应性。这些能量流包括自然元素如太阳辐射和天气,人的因素如交通、贸易和能源开发等。像生态系统一样,有适应力的城市也能够从系统中获取剩余价值;当系统重叠,一个运转超负荷或者失败的系统将会被另一个系统所取代。生态功能重叠的城市森林就是绿色基础设施提高城市系统适应性的例证,森林能够减少暴雨溢流,帮助维持稳定的城市温度并为城市野生生物提供栖息地。

适应性设计估测未来可能出现的干扰因素如洪水、气候变化和人类对场地使用功能的改变,并促使被设计的场所在维持核心生态功能的同时能够应对变化。

适应性设计遵循系统中的尺度层级。规划和设计的介入旨在改善整个生态系统的品质并支持生态系统所具有的避免基本系统超负荷和受到灾难性变动的功能。一个生态功能促进系统适应力的典型例子是沿海河口和红树林在海岸洪水防治中所起的作用。

另一个将适应性规划融入城市环境的手段是多种交通系统的组织:汽车、公共交通、自行车和步行。尽管系统比较繁杂,但它对变动还是具有自由度的,并且当一个系统功能不能实现时,一个或更多系统可以满足使用者的需求。

图1-4所示为美国华盛顿州塔科玛的城市水务中心,这座大楼的系统功能主要在于减少对区域资源的依赖。太阳能定位装置、绿色屋顶和地热能源的利用有效地减少了建筑对人造能源的消耗,同时实验室的废水可以用于冲厕所和灌溉。

图1-4 塔科玛的城市水务中心

三、方法的经济性

从生态学的观点来看,一项事业产生的最伟大或最重要的成果往往来自最少的财力耗费和能源消耗,而非相反。这包含着一个思想,可以从最少的资源和能源中获得最大的环境、经济和社会效益。同时它也包含着另一个思想,即要做好小事情,因为犯小错误要远远好于犯大错误。随着时间的流逝,小错误可能会适应社会和环境情况,但大错误则可能会持续比较长的时间。今天许多城市在物资的供应者和消耗者两方面都举足轻重。树叶和其他不受欢迎的有机物被运走作堆肥,而纸张、金属、塑料和玻璃被用于新的使用方式和生产新的产品。

在发展中国家,贫穷和生活必需品极大地影响着许多人的谋生方式。方法的经济性对生存来说变得至关重要。例如,印尼雅加达的拾荒者收集和贩卖被扔掉的垃圾,像纸、塑料、瓶子和金属等可回收的材料有很好的市场。拾荒者把他们找到的这些东西卖给附近的废旧品回收商,废旧品回收商再卖给不同的工厂企业。

例如大豆酱瓶可以卖回工厂再利用,这一回收过程就展示了方法的经济性原则。它不仅减少了垃圾填埋场的垃圾数量,也为一部分人提供了谋生机会,而且在这一过程中获得了环境、社会和节能效益。

四、联系性与多样性

(一)联系性

在人类环境中,如果没有建立起必要的联系,对环境的人为改变将导致负面影响。开发一栋住宅或整个小区时,假如维持这一开发的必要资源是通过单向系统灌输的:供水—浴室水龙头—排水管—下水道系统—河流—湖泊或海洋;或者,食物—超市—厨房—餐厅—垃圾场,那么开发就成为土地的不合理负担。隐藏在整合生命支持系统(integrated life- support systems)背后的理念就是创造联系。它们积极地寻找使人类发展能对其所改变的环境产生积极贡献的方法。

又如当地居住区下水道发生的事情,对整个流域、数百公里以外的河流、湖泊,都会产生影响。空气质量受到当地和区域污染源的影响。沿湖的湖岸、湿地、悬崖、森林和草地,是定居型和迁徙型野生动物的栖息地,并通过河谷与腹地相联系。人类对这一区域的使用——道路交通、居住、工业、商业和游憩——将湖滨与整个区域联系起来。因此,要正确理解一个地方,必须理解这个地方的区域背景:这个地方所处的流域环境和生物区域环境。同时,理解生物区域是始于它的地方场所的。

（二）多样性

在我们所处生活的环境下,生态景观的多样性对我们的生活和社会活动具有深刻的影响,在同一个城市我们可以选择不同的环境,在不同的情况下可以根据自己的实际情况来改变自己的生活环境、提升自己的生活质量。在不同的环境中,不同特色的景观也会给你带来截然不同的感官享受和生活体验。每个城市都需要建立富有代表性和标示性的景观,因为这在很大程度上影响着一个城市的发展。这在城市更新项目中尤为重要,如滨水地区,此类区域因为长期处于被忽视的状态,已经发展出独特的场地特征。室外堆场、曾经来往于航道和海洋之间但现在已锈迹斑斑的货船、升降吊桥、铁路岔道、储存筒仓、再生植被和自然驯化的道路边缘,所有这些都在述说着它们的独特历史和特征。忽略这些区域的内在特征去翻新这些区域只会错失城市的多样性。

五、替代性设计策略

由于廉价能源的存在,城市环境仅仅是由经济而非社会或环境导向的技术塑造而成的。这导致了城市和乡村之间的异化,以及对城市和乡村资源的不恰当使用。我们也发现,休闲游憩功能先入为主地被作为城市公园的首要功能,而它们作为城市的非建设环境(Unbulit Environment)整体上应发挥的维持环境质量的其他功能却很大程度上被忽视了。健康被理解为人类身体健康的提升,而并非是整体的健康生命系统。我们还发现,美学设计传统也先入为主地关注所谓正统景观,而非关注从保护必要性衍生出来的景观形式。当存在着更低廉、更有效、回报更高的替代方案时,以往花费在创造这些景观上的能源及精力就显得不值得了。我们的基本关注点在于,怎样才可以使城市在社会和环境方面更加健康,怎样使其成为一个可居住的文明场所。随着生态学在更大的区域景观尺度上成为环境规划必不可少的基础学科,那么对城市中已被改变但仍然发挥功能的自然过程的理解就成为城市设计的关键所在。有关美学价值的传统及标准,只有将其放在基本的生物物理决定因素的大背景下,才会发挥效力。如果设计原则能对城市生态学予以响应,并基于城市所提供的先天资源,抓住机会予以应用,便可以奠定一种替代性设计语言的基础。它们包括过程和变化的概念,通过最低的成本和能源消耗获得最大效益的方法的经济性。作为环境和社会健康基础的多样性,认清人类和非人类生命之间互相依赖关系的联系性,从家园开始并成为更广泛地理解生态事件基础的环境素养,创造最大可能的机会将人类与自然过程从根本上综合在一起,并将维持生命的过程可视化。

我们寻求一种设计语言,它的灵感来自充分利用现有的机遇;它可以重建多功能、多产的、正在运作并将生态、人类和经济综合在一体的景观概念。随着环境问题的解决对城市及其区域的未来发展正日益变得紧迫,我们在塑造未来景观时所采用的方法也有必要满足新的目标。在城市设计中,城市用地作为一个整体,必须发挥环境、生产和社会功能,而远不止传统的公园功能和公民价值(Civicvalues)。由城市产生并作用于更大周边区域环境的许多问题,基于对人类生态足迹影响的认识,将被控制在城市范围内解决。所有的城市环境和空间要素都将被纳入一个综合框架中,根据它们的性能来发挥各种作用,如作为食物和能源的产生者、小气候的调节者、水体、植物、动物以及舒适性和娱乐性的保护者等。

第二章 景观造型设计的要素与处理

景观造型设计的要素设计要点与处理,是基本的设计素养,也是景观设计的基础。因此,在设计实践过程中,需从这几方面着手,利用这些基本要素来构筑三维空间,并形成能满足特定活动需求的场所系统。本章将对这些内容展开论述。

第一节 水、气候

一、水

(一)自然水的类型及特征

水是人类生存、生活的必需要素之一,其物理形态有三种,即液态、固态和气态。其中,大多数水都是液态的形式,遇到温度等因素的影响会出现固态和气态的变化(图2-1)。例如雪、冰、雹属于固态,蒸汽、雾、云则属于气态。

景观造型中水的形态千变万化,如泉、池、溪、涧、河、湖、海等。根据水流走向以及不同的边界、坡度、力等因素,这些水体形成了不同的景观。在西方,从文艺复兴时期开始,以喷泉为主的水景形式就在欧洲园林中盛行。在中国古典园林造景中,同样体现了自然山水的关系,并成成为园林景观的主要结构骨架,山水的布置决定了园林的风格。而在当今生态理念下的景观造型设计,水景设计仍然是其重要内容。

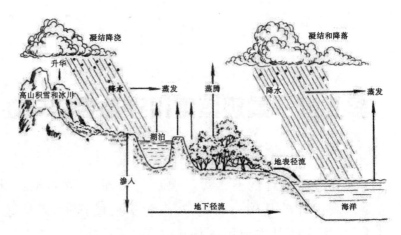

图 2-1　地球上的水循环示意

1. 液态水

液态是水的常态,可分为有静态和动态,其分别有各自的特点。静态的液体水有肌理,水体平静、凝重、幽深,给人以明快、恬静、柔美、静逸、休闲之感,适用于地形平坦,无明显高差变化的场地。动态水景活泼、生动,姿态万千,并形声兼备,可增加景观环境的生气,其水姿形态是其视觉表现的主要内容。

我们常用流、溢、滴诸如此类的词来表示或者形容水存在的状态。依据流动的水的流量和形态的区别,展现出了多种多样的表达形式——长流的细水、奔涌的波涛、磅礴的瀑布等等。给人不同的感官和情感的体会。

2. 固态水

水的固态形式主要是冰、雪、雹。自然的冰雪是季节变化的象征:冬天的北国风光,千里冰封,万里雪飘,别有一番意境。人们去滑雪、滑冰,甚至在园林中踏雪寻梅,充满了诗情画意,获得美的享受,心情也十分舒畅(图 2-2)。在一些特定的地区还可以进行雪塑、冰雕,情趣盎然,令人向往。

图 2-2　冰 / 雪

3.气态水

水有多种存在的形式,其中气态的水的存在的形式又非常多样,而且涵盖的范围也很广泛。气态水铸就了很多的天然奇观——弥漫着神秘气息的黄山、雾气蒙蒙的西湖等。大自然的鬼斧神工总能让我们感慨不已,所以在景观设计的过程当中我们常常结合大自然赐予的天然美景把它融入其中,让朦胧的雾气产生一种神秘、奇妙的感觉(图 2-3)。

图 2-3　雾

(二)水体景观的功能

1.美化景观

在大自然中我们总能感受到水带给我们的奇幻感受,它给人无与伦比的视觉冲击,同时也对整体景观起着修饰和装点的效果。在景观设计当中我们可以把水作为是这个景观的基础,用以搭配整个基调;同时我们也可以利用水流动性的特点,将整个景观进行区域的划分,这时候它就起到了一个天然屏障的作用,营造出别具特色的景色。但是在进行水上景观的设计时,我们要考虑景观的整体基调,以此来设计出和谐而又各具特色的景点。我们在设计的时候也可以利用一些不起眼的小设计来提升整个景观的欣赏度。

2. 调节气候

景观水体能调节区域小气候,对场地环境具有一定的影响作用。大面积水域能够增加空气的湿度,调节园林内的温度;水与空气中的分子撞击能够产生大量的负氧离子,具有一定的清洁作用,有利于人们的身心健康。水体在一定程度上能够改善区域环境的小气候,有利于营造更加适宜的景观环境。夏季通常比外界温度低,而冬季则比外界温度高。另外,水体在增加空气湿润度、减弱噪声等方面也有明显效果(图 2-4)。

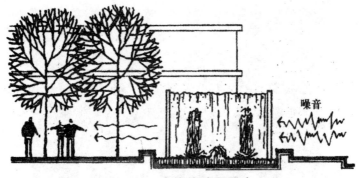

图 2-4 水体能减弱噪声

3. 提供生活用水

某些自然风景区内的水体很多水质洁净,可作为生活用水,如千岛湖矿泉水水源地(图 2-5)。茶圣陆羽在《茶经》中曾对水做出过评价:"山水上,江水中,井水下。"

图2-5 千岛湖矿泉水水源地

4. 提供娱乐活动场所

水体具有特殊的魅力,亲近水面会给人带来各种乐趣。为了满足人的亲水天性,提升空间的魅力,可利用水体开展各种水上娱乐活动,如游泳、划船、溜冰、船模等,这些娱乐活动极大地丰富了人们对空间的体验,拓展了整个环境的功能组成,并增加了空间的可参与性和吸引力。当今出现了更多新颖的水上活动,如冲浪、漂流、水上乐园等(图2-6)。

图2-6 漂流

5. 汇集、排泄天然雨水

在景观设计的过程中,利用自然水体汇集和排泄天然雨水能够节省不少地下管线的投资,并为植物生长创造良好的立地条件。水生动植物的种类十分丰富,营造水生生物适宜的生存环境,是建设生态景观的重要内容。

6. 防灾作用

景观中的水体同样有防灾的重要作用,尤其是发生火灾时,可以直接用水救火,提高效率。水体还具有抗旱作用,城市园林水体是天然的灌溉水源,对整个园林的水源涵养有重要作用。

(三)水体景观应注意的问题

水体景观应注意的问题主要体现在以下几个方面。

(1)我们在设计水体景观的时候要特别注重水体的流动系统,要防止水变成死水,不然就会造成环境破坏以及影响欣赏。

(2)因为水的流动性,所以在设计的时候一定要做好防漏水处理,防患于未然。

(3)有一些景观的管线暴露在外,对景观的美观影响是极大的,所以在前期设计当中要考虑到位,以免出现类似的情况。

(4)在选用水体景观的底部设计材料的时候,要根据想要呈现的效果选择合适的用料及设计。

(5)当然最重要的还要属安全,漏电的情况是绝对不允许发生的,其次水深也是一个影响安全的重要因素。

(四)景观给水与排水

1. 景观给水

景观设计中除了水体设计需要用水,同时植物也需要水灌溉,因此必须考虑景观给水。

景观给水的水源主要有自来水、雨水和处理水三种。

(1)自来水

自来水来自城市的市政给水管网。自来水为水厂处理过的水,水质较好,但是水价较贵。随着生态环保意识的增强,现在自来水已经不是景观给水的推荐水源。我国正在提倡建立节水型社会,景观用水量大则不适宜使用自来水,而是使用处理水和雨水。

（2）雨水

我国不少地区水量充沛。雨水作为珍贵的水资源,可以将其储蓄、回收、再利用,而不是任其随着排水管道流失。城镇中,雨水收集主要是屋面收集,即在屋面安装虹吸式排水管,经过管道汇集至雨水蓄水池内,将其储存。需要时候通过压力泵将水送入给水管道（图2-7）。

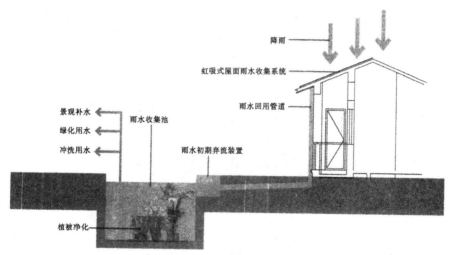

图2-7　雨水回用示意

（3）处理水

处理水是基地周边有河流等水源,通过水处理设备和工艺对河水等原水进行处理,使其达到景观用水的水质要求,在此基础上将水体反复循环处理、重复利用,从而降低对补水水源的依赖性。对于景观用水量较大的设计项目,处理水是比较理想的给水方式。

图2-8所示为太湖水路十八湾的给水处理设计图。"水路十八湾"项目为高档别墅小区,小区内的景观水系蜿蜒曲折,打造了户户临水的景观效果。景观水系面积约7200m²,平均水深0.6m,总水量约4320m³。小区的三周都有自然河道,作为小区景观水的补水水源。具体思路如下:

（1）结合生物处理和植被净化，主要以生物处理技术处理小区水质。小区景观补水主要依靠外河道和雨水，通过水泵从外河道引水。

（2）生物处理依托综合水处理设备进行。该设备可以去除有机物、杀菌灭藻，使水质清澈自然。该设备设置在主入口南侧景观河道的下游，通过循环泵反复处理景观水，经过设备处理后通过给水管道向景观河道各处理水给水口出水，完成水体的全面循环。

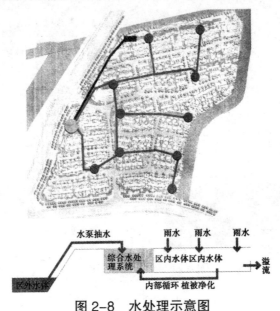

图 2-8　水处理示意图

2. 景观排水

景观排水主要是将雨水、多余的景观水排放至城市下水管网。排水主要通过道路边沟、雨水管渠、集水井、雨水井进行排水。水池、河道中多余的水通过溢流管排至雨水管道。为保证地面不积水，地面应向排水方向倾斜 1% ～ 3%。

（五）水体景观的设计形态与形式

1. 水体景观设计的形态

在园林景观设计过程中，水体常有以下四种基本设计形态。

（1）静水

水的静止状态,也可以说是储存状态,给人以安静、安定的感觉。自然界中的池、沼等更像一种容器的形状,随地形而存在,富有变化,由于地形的不同而形成各种轮廓。例如平静的水面,可映照出周围的景色,所谓"烟波不动影沉沉,碧色全无翠色深。疑是水仙梳洗处,一螺青黛镜中心"。一池清水,就是一面镜子。蓝天白云、绿树青山、屋宇亭台等倒影水中,好似海市蜃楼。而有风吹水动之时,则又有"滟滟随波千万里"之意境。水和月的组合,自古以来就是诗人吟诵的对象:"烟笼寒水月笼沙"也好,"疏影横斜水清浅,暗香浮动月黄昏"也罢,都表现出水月交融如梦如幻的朦胧美。

在设计时,水体轮廓和水面倒影是其视觉表现的主要内容。图2-9所示,平静如镜的水面柔化建筑空间形态,水面倒影丰富了空间层次,形成柔美、静逸的空间氛围。

图2-9　静态水景设计

（2）流水

我们通常把流动的水称之为流水,但是我们观察到的流水并不是完全一样的,这主要是因为在大自然中有多种因素影响着水流的形成状态。流水也有缓急之分,水由高处流往低处的时候通常会比较湍急,而在平坦之地时又会比较平缓,我们可以利用流水的不同状态来为景观设计增设亮点。在进行设计的时候利用水流将整体划分为不同的区域,这样的设计会让人既感到放松又富有活力(图 2-10)。

图 2-10 流水水景设计

流水隐现得当,有收有敛,有开有合,才能构成有深度和情趣的水体空间,藏源、引流、集散三个方面需要特别注意。①

(3)落水

落水是从有一定地势落差的地方流下形成的,坠落的过程总是给人强烈的震撼。把它运用于景观设计的时候应当注意别把它的规模设计得太小,因为那样就不能给人的感官带来震慑,特别是听觉(图 2-11)。

图 2-11 落水景观设计

---

① 藏源,就是把水的源头隐蔽起来,不让人看透水的源流处,或藏于石穴崖缝之中,或隐于花丛树林之内,用以造成循流溯源的意境联想;引流,就是引导水体在景域空间中逐步展开,引导水体流曲折迂回,可得水景深远的情趣;集散,是指水面恰当的开合处理,既要展现水体的主景空间,又要引伸水体的高远深度,使水景有流有缓、有隐有露、有分有聚而生无穷之意。

（4）喷水

在我们的日常生活中喷泉是随处可见的,它是典型的喷水景观。像喷泉这样的喷水景观可以融合多种元素做出风格迥异的景观,比如我们常常用音乐和喷水结合,这就是音乐喷泉,随着音乐的节奏,水柱或高或低、或急或缓;还有与彩灯结合的,在各种光柱的衬托下喷水好像活了一样,十分的生动有趣(图2-12)。喷水可以用天然水也可以用人工水,但是要注意处理好各个构成部分的系统,避免以后出现不必要的麻烦。

图2-12 喷水池

2. 水体景观的设计形式

生态水体景观设计形式主要有以下几种。

（1）溪流

溪流是自然山涧的一种水流形式,它也是我们构造景观的重要部分(图2-13)。溪流具有多种形态——有长的有短的,有宽的有窄的,有直的有弯的。利用不同形态的溪流再搭配植被、假山、平原等就可以营造出或优美、或粗犷、或辽阔的景观。也可以铺设石子路来增加整个景观的意境,同时也方便我们近距离的观赏。在平缓的溪流上划船,近距离的观赏美景,更具一番风味。

总之,水的形态运用应根据具体的语境而定,如果是以山为主的假山园,水作为附体,则多以溪流、沟涧等能与山石相结合的形式理水造景,以增加山的意趣。或者在山麓作带状的渊潭,以水的幽深衬托山的峻高。在以水为主的园林中,多集中用水形成大的湖泊,同时辅以溪流、濠濮,组合出各具姿态的水景园。

图2-13　溪流

（2）池塘

池塘是指成片汇聚的水面。池塘的水平面较为方整,通常没有岛屿和桥梁,岸线较平直而少叠石之类的修饰,水中通常会种植一些观赏植物,如荷花、睡莲、藻等,或放养一些观赏鱼类（图2-14）。

图2-14　池塘

（3）渊潭

渊潭指空间狭窄而深邃的水面。岸边宜作叠石,光线宜幽暗,水位宜低下,石缝间配置斜出、下垂或攀缘的植物,上用大树封顶,造成深邃气氛。例如江西庐山观音桥下面的深涧,涧上有二十四潭,其中以渊潭为最,其形如臼,酷似人工挖凿（图2-15）。

图 2-15 渊潭

（4）湖泊

湖泊是生态景观设计中的大片水域，具有广阔曲折的岸线和充沛的水量。生态景观中设计中的湖，通常比自然界的湖泊要小很多，因其相对空间较大，常作为构图中心。湖中设岛屿，用桥梁、汀步连接，也是划分空间的一种手法。水面宜有聚有分，聚分得体。聚则水面辽阔，分则增加层次变化，并可组织不同的景区。例如颐和园中的昆明湖、承德避暑山庄的塞湖（图 2-16）等。

图 2-16 承德避暑山庄——塞湖

（5）瀑布

瀑布的水源或为天然泉水，或从外引水，或为人工水源（如自来水）。瀑布有挂瀑、帘瀑、叠瀑、飞瀑等形式，飞泻的动态给人以强烈的美感。生态景观中的瀑布意在仿自然意境，处理瀑布界面时，水口宽的成帘布状，水口狭窄的成线状、点状，有的还可以分水为两股或多股。下落有直射而下的直落，也可以分成散叠，先直落再在空中散成云雾状或被山石分为许多细流等形式（图 2-17）。

图 2-17　瀑布

（6）溪涧

溪涧是指泉瀑之水从山间流出的一种动态水景。溪涧通常较为弯曲，流程较长，显示出源远流长，绵延不尽。游览小径须时缘溪行，时踏汀步，两岸树木掩映，表现山水相依的景象，如杭州"九溪十八涧"。有时造成河床石骨暴露，流水激湍有声，如无锡寄畅园的"八音涧"（图 2-18）。

图 2-18　无锡寄畅园——八音涧

（六）水体景观的水岸处理

在水体景观设计中，我们常常利用水岸线来解决水边缘的美观问题，与此同时它还有存储水资源以及防止洪水等作用，怎么设计水岸线，这通常需要考虑整体景观想要呈现的效果。

不同的水岸形状都具有不同的特点——笔直的水岸线洒脱

利落,弯曲的水岸线魅力不凡,深凹的水岸有利于成为船舶停靠岸,凸出的水岸十分容易形成岛屿。

伴随着社会环境的不断改善以及人们生活水平的不断提高,水岸发挥的作用也越来越多样化,既要满足观赏的需要,又要符合美化环境的要求。

1. 山石驳岸

因为太湖石等石料具有防洪的作用,更重要的是它的观赏性也很强,所以在河岸的景观设计当中我们经常利用这种石料。为了取得更为出色的效果,最近几年我们在景观中融合了种植树木的设计,重新赋予了整个景观生命力。

2. 垂直驳岸

在水体边缘和陆地的交界处,我们利用石头、混凝土等材料来稳固水岸,以免遭受各种自然因素和人为因素的破坏。

3. 天然土岸

我们通常把泥土筑成的堤岸称之为泥土堤岸,但是为了确保安全不宜将它筑得过高。由于是泥土筑成的,所以在堤岸上种植花草树木是十分便利的,在满足观赏功能的同时,还可以防止雨水的冲刷造成的崩塌。

4. 混凝土驳岸

在水流变化不定的水岸,利用混凝土来建筑堤岸是非常合适的,它具有便宜耐用的特点。为了提高其美感,相关研究人员研制出了新型材料,这对驳岸的设计无疑是有益无害的。

5. 风景林岸

林岸即生长着树木的水岸,这些树木通常是灌木以及乔木等。灌木和乔木具有生长快速而且极易存活的特点,所以将它们融入风景林岸中可以营造出一幅绿意画卷。

6. 檐式驳岸

为了营造出陆地与水岸的连接效果,在水岸融入了将房檐与水结合的设计,这种设计给人带来的视觉冲击是极强的。

7. 草坡岸

在水岸线上建筑平缓的斜坡,并在上面种植绿草,也可零星种植些花,这种清新自然的设计一直深受大众的喜爱。

8. 石砌斜坡

在进行水岸处理的时候将水岸构造成一个斜面,再利用石板一层一层铺设,这就是我们所说的石砌斜坡。因为这种材料具有极强的牢固性,所以在水位变化急剧处运用广泛。

9. 阶梯状台地驳岸

在较高的水位处设计阶梯状的水岸,有利于时刻适应水位高低落差的变化,在洪涝灾害发生时可起到重要的防范作用。

二、气候

在生态环境景观设计中,需要对设计的场地进行考虑:(1)怎样根据特定的气候条件进行合理二度设计;(2)如何用一些合适的手段修正气候的影响以改善环境。优秀的设计师必须合理利用阳光的功效、主导风向、下垫面,在场地上合理布置设计外部空间。

(一)阳光的功效

太阳的方位是人们布置外环境的指导性因素,在寒冷和多风的冬季需要温暖,在炎热的夏季需要遮阳和通风。在活动场所的南面和东南面应选择落叶树木,这样可以在夏季阻挡阳光,而冬季可以让阳光穿过,此外树冠伸展的高大落叶树应种在南面,这样在夏季可以提供最多的荫蔽。在活动场所的西北面选用常绿树木或灌木,浓密的常绿植物,如云杉,能够持续提供遮阳或者阻挡凛冽的寒风。如图 2-19 所示,在活动场所的南面和东南面选择落叶树木,在西北面选择常绿植物,是一种能很好利用阳光和风向的布置。

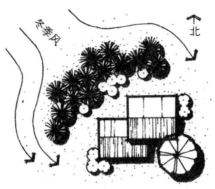

图 2-19　合理利用阳光的功效

(二)主导风向

"空气"——风,在冬天要回避或者阻挡,但在夏季却不可或缺,夏日的凉风可以提供天然的凉爽空气。不但如此,流动的空气能加速人体皮肤表面汗液的蒸发,从而使身体感到舒适。因此,通风降温与构筑物和场地的正确朝向相结合就显得非常重要。环境景观要素的适当布置能够轻而易举地创造出利用空气流通来制冷的被动式微气候。可以利用简单的构筑形式如坐椅、小径、凉亭、藤架、游廊等对空气进行引导、集中和加速。

一些在夏季能够有效地改善微气候的形式到冬天就会变得极不舒适。在冬季,应避免荫蔽的空间和高风速的地方。

(三)下垫面

下垫面会影响微气候环境,表面植被或硬质地面都会直接影响人们的舒适程度。砖石、瓷砖、混凝土板铺地都能吸收和蓄存热量,然后热量会从铺地材料中辐射出来。因而在寒冷地区,活动场所周围的硬质铺地有助于加热空气,提高人们的舒适度。要达到这种效果,铺地材料不必一定是坚固的,可以是混凝土板的碎片、鹅卵石等材料。

在炎热气候区,应当控制地面眩光和热辐射,自然地被植物比裸土或硬质地面反射率低,外形不规则的植物其反射率一般比平坦的种植表面低,如树木、灌木从地面反射的太阳辐射量比草坪的要少,而诸如沥青等吸热材料在太阳落山后仍能辐射热量。因此,炎热地区应尽可能不在活动场所附近使用吸热和反射材料,或使它们避免阳光的直射且以减少活动场所周围吸收和储存太阳热量。

综上所述,在生态环境景观设计中,应当充分考虑并合理利用阳光、风向、下垫面等因素,在场地上布置设计外部空间,创造宜人的微气候,提高室外环境的舒适度。

第二节　植物与植物群落

一、植物

(一)植物的功能

1. 改善环境

植物在生态景观设计中可以改善并提高环境质量。在城市环境中,常使用体态高大的乔木来遮挡寒风。如果行道树和景观树为阔叶树,就会形成浓荫,可以在酷暑中遮挡骄阳。建筑场地与城市道路相邻时,沿道路边的地界线处用大中小乔木、灌木结合,既可以丰富道路景观,又可以降低噪声。植物还具有吸尘的作用,利用这些特征,可以有效地改善景观的小环境。

2. 美化环境

发挥植物本身的景观特性,并对环境起到美化、统一、柔化、识别和注目等美化环境作用。

3. 限制行为

利用绿篱的设置,可以限制人们不文明行为的发生,如穿越草坪走近路,靠近需要安静的建筑物窗前玩耍等。

4. 烘托气氛

植物的种类极其丰富、姿态美丽各异、四季色彩多变。特别是场地中的小花园,更丰富了场地景观。适当的树种选择,可以形成肃穆、庄严、活泼等不同的环境氛围。

5. 变换空间

在场地中,用植物来围合与分隔空间。乔木可以形成浓荫,供人们在树下小憩;生长繁茂的灌木,使人们的视线不能通视,在观看景物时有一种峰回路转的效果。

6. 遮蔽视线

城市环境中常有一些有碍景观的设施存在。利用枝叶繁茂的小乔木或者是灌木,围合在其周围,就能起到遮蔽的效果。

(二)常见植物的类型及特征

1. 常见植物的类型

（1）乔木

乔木多为高度5m以上的、有一棵直立主枝干的木本植物。乔木的大小最高可达到12m甚至更高,通常在9～12m之间。乔木的大小决定了它一般作为主景而出现,用以构成景观中的基本轮廓和框架,形成立体的高度,通常在设计时优先布置乔木的位置,其次是灌木、地被等。乔木在空间中可以充当室外"天花板"的功能(图2-20),其高大的树冠为顶部限定了空间,而随着树冠的高度不同,产生了不同心理感受的空间,高度越低,亲切感越浓厚;高度越高,空间越显局大。

图 2-20　乔木

（2）灌木

灌木是没有明确的主干，由根部生长多条枝干的木本植物，如映山红、玫瑰、黄杨、杜鹃等，可观其花、叶，赏其果。灌木通常高度在 3m 以下，而高度在 1.5 ~ 3m 的灌木可以充当空间中的"围墙"，起到阻挡视线和改变风向的作用；而高度小于 1.5m 的灌木不会遮挡人的视线，但能够限定空间的范围；大于 30cm 小于 1.5m 的灌木与"矮墙"的功能类似，可以从视觉上连接分散的其他要素（图 2-21）。

图 2-21　灌木

（3）藤本植物

藤本植物，是指茎部细长，不能直立，只能依附在其他物体（如树、墙等）或匍匐于地面上生长的植物，如葡萄、紫藤、豌豆、薜荔、牵牛花、忍冬等。利用藤本植物可以增加建筑墙面和建筑构架的垂直绿化以及屋顶绿化，从而为城市增添观赏情趣；另外，匍匐在地面的藤本植物能够防止水土流失，并可显示空间的边界（图 2-22）。

图 2-22 藤本植物

（4）草本花卉

花草是运用相当广泛的植物类型，其品种较多，色彩艳丽，且适合在多地区生长，适用于布置花坛、花境、花架、盆栽观赏或做地被使用（图 2-23）。在具体设计实践中，应在配置时重点突出量的优势。根据环境的要求可将草本植物和花卉植物种植为自然形式或是规则式。

图 2-23 花草

2. 常用植物的整体形态特征

植物的形态特征主要由树种的遗传性决定，但也受外界环境因子的影响，也可通过修剪等手法来改变其外形。园林树木整体形态如表 2-1 所示。

表 2-1 园林树木整体形态分类

序号	类型	代表植物	观赏效果
1	塔形	雪松、冷杉、日本金松、南洋杉、日本扁柏、辽东冷杉等	庄重、肃穆，宜与尖塔形建筑或山体搭配
2	圆柱形	桧柏、毛白杨、杜松、塔柏、新疆杨、钻天杨等	高耸、静谧，构成垂直向上的线条
3	馒头形	馒头柳、千头椿	柔和，易于调和
4	圆球形或卵圆形	球柏、加杨、毛白杨、丁香、五角枫、樟树、苦槠、桂花、榕树、元宝枫、重阳木、梧桐、黄栌、黄连木、无患子、乌桕、枫香	柔和，无方向感，易于调和
5	扇形	旅人蕉	优雅、柔和
6	圆锥形	圆柏、侧柏、北美香柏、柳杉、竹柏、云杉、马尾松、华山松、罗汉柏、广玉兰、厚皮香、金钱松、水杉、落羽杉、鹅掌楸	庄重、肃穆，宜与尖塔形建筑或山体搭配
7	扁球形	板栗、青皮槭、榆叶梅等	水平延展
8	钟形	欧洲山毛榉等	柔和，易于调和，有向上的趋势
9	伞形	老年油松、合欢、幌伞枫、榉树、鸡爪槭、凤凰木等	水平延展
10	垂枝形	垂柳、龙爪槐、垂榆、垂枝梅等	优雅、平和，将视线引向地面
11	风致形	特殊环境中的植物，如黄山松	奇特、怪异
12	倒钟形	槐等	柔和，易于调和
13	龙枝形	龙爪桑、龙爪柳、龙爪槐等	扭曲、怪异，创造奇异的效果
14	丛生形	千头柏、玫瑰、榆叶梅、绣球、棣棠等	自然柔和
15	棕榈形	棕榈、椰子、蒲葵、大王椰子、苏铁、桫椤等	雅致，构成热带风光
16	长卵形	西府海棠、木槿等	自然柔和，易于调和
17	匍匐形	铺地柏、砂地柏、偃柏、鹿角桧、匍地龙柏、偃松、平枝栒子、匍匐栒子、地锦、迎春、探春、笑靥花、胡枝子等	伸展，用于地面覆盖
18	雕琢形	耐修剪的植物，如黄杨、雀舌黄杨、小叶女贞、大叶黄杨、海桐、金叶假连翘、塔柏等	具有艺术感
19	拱垂形	连翘、黄刺玫、云南黄馨等	自然柔和

（三）种植的设计要领

1. 确定主景植物与基调植物

在快速设计中如没有特别的要求,种植设计的深度一般不要求确定每一棵植物的品种,但需要确定主景植物与基调植物。图纸表达一定要能区分出乔、灌、草和水生植物,能够区分出常绿和落叶。在对植物进行选择时,要思考如下问题:如何理解种植设计? 在设计中植物起什么作用? 还需要有针对的研究一下植物的种植要点,可以参考相关植物设计书籍中关于种植设计的讲解。

2. 种植设计要有明确的目的性

种植设计需从大处着眼,有明确的目的性。无论是整体还是局部,都要明确希望通过植物的栽植实现什么样的目的,达到什么样的效果,创造什么样的空间,需有一个总体的构想,即一个大概的植被规划。是一个开阔的场景,还是一个幽闭的环境;是繁花似锦,还是绿树浓荫;是传统情调,还是现代息等。明确哪些地方需要林地,哪些地方需要草坪,哪些地方需要线性的栽植,是否需要强调植物的色彩布局,是否需要设置专类园等。这些都是在初始阶段就需要明确的核心问题。

3. 理解并把握乔木的栽植类型

乔木的栽植类型主要有孤植、对植、行植、丛植、林植、群植六种类型。此外,再加上不栽乔木的开阔草坪区域,构成了一个整体绿色环境。在设计过程中,应根据具体的设计需要选择恰当的栽植类型,以形成空间结构清晰、栽植类型多样的效果。

4. 充分利用植物塑造空间

我们设计的大部分户外环境,一般都以乔木和灌木作为空间构成的主要要素,是空间垂直界面的主体。植物还可以创造出有顶界面的覆盖空间。在应用植物塑造空间时,头脑中对利用植物将要塑造的空间需先有一个设想或规划,做到心中有数,如空间的尺度、开合、视线关系等,不可漫无目的地种树。植物空间要求多样丰富、种植需有疏密变化,做到"疏可走马、密不透风"。

5. 林冠线和林缘线的控制

林冠线和林缘线。种植时需控制好这两条线。林缘线一般形成植物空间的边界(图 2-24),即空间的界面,对于空间的尺度、景深、封闭程度和视线控制(图 2-25)等起到了重要作用。林冠线也要有起伏变化,并注意结合地形。

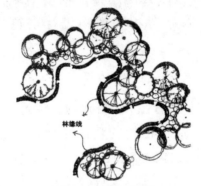

图 2-24　林缘线

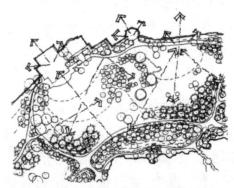

图 2-25　植物对视线的控制

可以通过林缘线的巧妙设计和视线的透漏,创造出丰富的植物层次和较深远的景深,也可以通过乔灌草的搭配,创造出层次丰富的植物群落。

6. 与其他要素相配合

特别是与场地、地形、建筑和道路相协调、相配合,形成统一有机的空间系统。如在山水骨架基础上,运用植物进一步划分和组织空间,使空间更加丰富。

7. 植物的选用

注意花卉、花灌木、异色叶树、秋色叶树和水生植物等的应用。可以活跃气氛,增加色彩、香味。大面积的花带、花海能形成热烈、奔放的空间氛围,令人印象深刻。水生植物可以净化水体,增加绿植量、丰富水面层次。

(四)植物塑造空间类型

植物在构成室外空间时,具有塑造空间的功能。植物的树干、树冠、枝叶等控制了人们的视线,通过各种变化互相组合,形成了不同的空间形式。[①] 植物空间的类型主要有以下几类。

1. 开闭空间

在生态景观设计中需要注意植物的自身变化会直接影响到空间的封闭程度,设计师在选择植物营造空间时,应根据植物的不同形态特征、生理特性等因素,恰当地配置、营造空间。借助于植物材料作为空间开闭的限制因素,根据闭合度的不同主要有以下几种类型。

(1)封闭空间

封闭空间是指水平面由灌木和小乔木围合,形成一个全封闭或半封闭的空间,在这个空间内我们的视线受到物体的遮挡,而且环境通常也比较安静,也容易让人产生安全感,所以在休息室我们经常采用这种设计(图2-26)。

---

① 在运用植物构成室外空间时,如利用其他设计因素一样,应首先明确设计的目的和空间性质(开旷、封闭、隐密、雄伟等),然后才能相应地选择和配置设计所要求的植物。

图 2-26　封闭空间

（2）开敞空间

开敞空间（图 2-27）[1]在开放式绿地、城市公园、广场、水岸边等一些景观设计类型中多见，如草坪、开阔水面等。这类空间中，人的视线一般都高于四周的景观，可使人的心情舒畅，产生开阔、轻松、自由、满足之感。对这类空间的营造，可采用低矮的灌木、草木花卉、地被植物、草坪灯等。

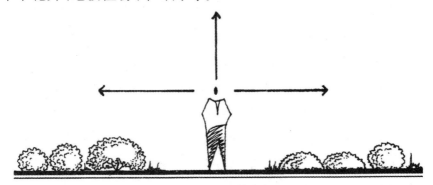

图 2-27　开敞空间

（3）半开敞空间

半开敞空间是指从一个开敞空间到封闭空间的过渡空间（图 2-28），即在一定区域范围内，四周并不完全开敞，而是有部分视角被植物遮挡起来，其余方向则视线通透。开敞的区域有大有小，可以根据功能与设计的需要不同来设计。半开敞空间多见于入口处和局部景观不佳的区域，容易给人一种归属感。

---

① 本节的手绘图由喻栾浠绘制。

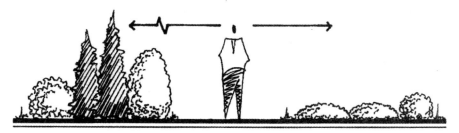

图 2-28　半开敞空间

2. 动态空间

所谓的动态空间就是空间的状态是随着植物的生长变换而随之变换的,我们都知道植物在一年四季中都是不同的,把植物的动态变化融入到空间设计中,赋予空间生命力,也带给人不同寻常的感受。

3. 方向空间

植物一般都具有向阳性的生长特点,所以当设计师利用植物来装饰空间的时候要特别注意对植物的生长方向进行制约,以此达到想要的空间设计效果。

（1）垂直空间

垂直空间主要是指利用高而密的植物构成四周直立、朝天开敞的垂直空间,具有较强的引导性(图 2-29)。在进行垂直空间的设计时我们常常使用那些细长而且枝繁叶茂的树木来拉伸整个空间,运用这种空间设计的时候整个景观的视野是向上延伸的,所以当我们抬头向上望时会给人造成一种压迫感,因此在这种空间内我们的视线会被固定,注意力也会比较集中。

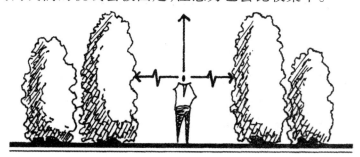

图 2-29　垂直空间

善于利用细长的树木来划分不同的空间结构是设计师必须掌握的一项技能。树干就相当于一堵围墙,运用树木或稀或密的排列,形成开阔或者是密闭的空间(图 2-30)。因此这对施工前期的树木种植的合理性要求较高。

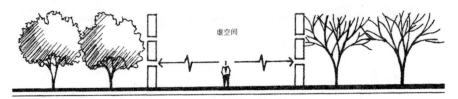

图 2-30　树干形成的空间感

（2）水平空间

水平空间是指空间中只有水平要素限定,人的视线和行动不被限定,但有一定隐蔽感、覆盖感的空间。在水平空间内空间的范围是非常大的,相对来说它的视野也较为开阔,但是在这种敞开式的空间中要求有一定的隐私性、包裹性,我们可以利用外部的植物来达到这种效果。那些枝繁叶茂的植物能够把上部空间很好地封锁住,但是水平的视野没有受到限制,这一点和森林极为相似——在树木生长繁茂的季节有昏暗幽静的感觉(图 2-31)。

图 2-31　水平空间

我们除了利用生长繁茂的植物来营造这种覆盖空间,还可以使用类似于爬山虎这种的攀缘类植物达到这种效果(图 2-32)。这是因为这类植物具有很好的方向性,它的生长方向非常容易控制,因此在空间设计时得到了广泛的运用。

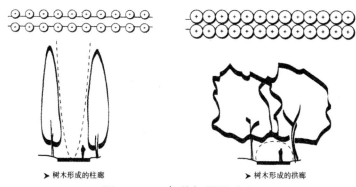

▶树木形成的柱廊　　　　　▶树木形成的拱廊

图 2-32　廊道与覆盖空间

二、植物群落

植物群落的种植类型主要有以下几种。

(一)孤植

有时候为了突出植物的特点,经常在平原、水岸边等较为开阔的地方种植一棵树型优美、枝繁叶茂的树木(图 2-33)。在选用树木的时候也极为讲究,必须要达到一定的标准才能种植。

不同地区孤植树树种的选择如表 2-2 所示。

表 2-2　不同地区孤植树树种的选择

地区	可供选择的植物
华北地区	油松、白皮松、桧柏、白桦、银杏、蒙椴、樱花、柿、西府海棠、朴树、皂荚、榭栎树、桑、美国白蜡、槐、花曲柳、白榆等
华中地区	雪松、金钱松、马尾松、柏木、枫杨、七叶树、鹅掌楸、银杏、悬铃木、喜树、枫香、广玉兰、香樟、紫楠、合欢、乌桕等
华南地区	大叶榕、小叶榕、凤凰木、木棉、广玉兰、白兰、杜果、观光木、印度橡皮树、菩提树、南洋楹、大花紫薇、橄榄树、荔枝、铁冬青、柠檬桉等
东北地区	云杉、冷杉、杜松、水曲柳、落叶松、油松、华山松、水杉、白皮松、白蜡、京桃、秋子梨、山杏、五角枫、元宝枫、银杏、栾树、刺槐等

图 2-33　孤植

（二）对植

对植（图 2-34）是将两株树按一定的轴线关系作相互对称或均衡的种植方式，在园林构图中作为配景，起陪衬和烘托主景的作用。对立着种植的方式在公园、建筑物等场所使用广泛，因为它不仅可以起到修饰建筑物的作用还有很好的美化环境以及遮阴的功能。在种植对植树木的时候，要根据所植树木的种类来设定它的间距，以达到和谐美观的效果。

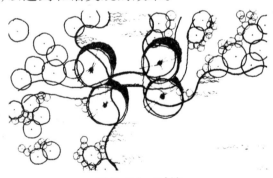

图 2-34　对植

根据对植方式的不同我们通常将它分为两个类别。第一类是对称种植（图 2-35）。利用相同的树木、同一规格的树木根据主体景物的中轴线作对称布置，无论在道路两旁、公园或建筑入口都是经常运用的。这种规则对称种植的树种,树冠比较整齐,种植的位置既不要妨碍交通,又要保证树木有足够的生长空间。第二类是自然对植,在自然式种植中的对植是不对称的(图2-36),但左右仍应均衡。常常运用于蹬道的石级两旁与建筑物的门口两边。这种方式最简单的形式是将两株树布置在构图中轴的两侧,必须采用同一树种,但大小和姿态必须不同。

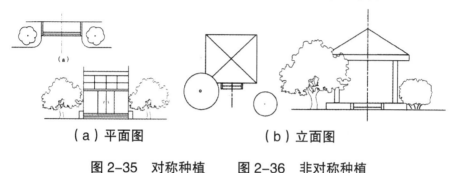

（a）平面图　　　　（b）立面图

图2-35　对称种植　　图2-36　非对称种植

（三）行植

行植又称列植,就是将树木按一定的株行距进行种植。如行道树、林带、绿篱等的栽植。列植可单独种植一种树,形成简洁的重复节奏美(图2-37),也可几种树交替种植,形成起伏或交替韵律美,还可等距离种植规格相同的乔木或灌木,形成方阵。树种一般选1～5种,每种树形体量应相似,突出植物的整齐节奏与韵律之美。

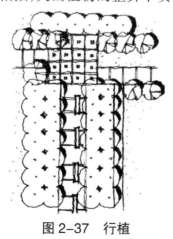

图2-37　行植

（四）丛植

丛植是指一株以上至十余株不等的树木，组合成一个整体结构（图2-38）。丛植可以形成极为自然的植物景观，也是利用植物进行景观设计的一种重要手段。

图2-38　丛植

丛植的树木在树种、树形、体量、动势、距离上要协调呼应，彼此有变化，切忌规整的几何图形。丛植树种应选择树形美观，枝叶庇荫，生长旺盛、有花有朵的植物。丛植配置的基本形式如下。

1. 两株丛植

在采用两株丛植时，两株植物必须要有相同点也要有差异，相同点要求要使用同一种树种，不同点要求两株植物要各有特点，使用它们的关系是对立统一的（图2-39）。

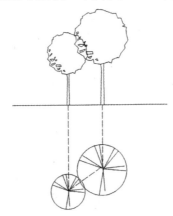

图2-39　两株丛植

2. 三株丛植

三株丛植和两株丛植有一些相同之处,比如说它们都要求选用同一种树种,但是三株丛植的种植方式与两株种植有很大的区别,它不适合采用相对于死板的构图方式栽植,可以采取远距离相互呼应的方式种植(图 2-40)。

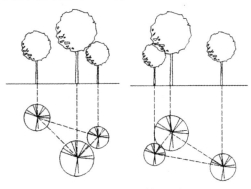

图 2-40　三株丛植

3. 四株丛植

四株丛植的种植方式及其讲究组合搭配,比如大小不一的树木,有多种的搭配方式,但是要特别注意种植所构造的形状不要过于死板,而且为了取得较佳的效果最好不要把几棵树型相差较大的树木种植到一起(图 2-41)。具体组合时可采用 3：1 的组合,但最大与最小的均不能单独为一组。

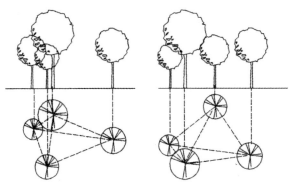

图 2-41　四株丛植

4. 五株丛植

五株丛植可以采取多种搭配方式,但我们通常使用两组自由搭配的组合。在不同的搭配组合中,可以采用多类品种的树木,这和其他丛植方式有本质上的区别,但是要求整体要和谐、不突兀(图2-42)。①

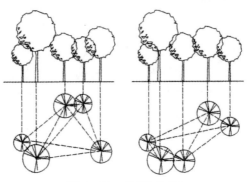

图 2-42　五株丛植

5. 五株以上的丛植

由二株、三株、四株、五株几个基本配合形式相互组合而成(图2-43)。不同功能的树丛,树种造景要求不同。观赏树丛可用两种以上乔灌木组成。五株以上的丛植关键在于调和中要求对比差异,差异中要求调和,所以株数越少,树种越不能多用。在10～15株以内时,外形相差太大的树种,最好不要超过5种。

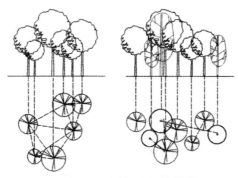

图 2-43　五株以上的丛植

---

① 具体组合形式为3∶2或4∶1。在3∶2的组合中,三株为一组的可参考三株配合的形式种植。两株为一组的可参考两株配合的形式种植。所选树种可为一种,也可为两种。若为两种,则一种为一组。

（五）林植

林植即由单一或多种树木在较大面积内,呈片林状地种植乔灌木,从而构成林地或森林景观。林植多出现于风景游览区、工矿场区、自然风景区的防护带、城市外围的绿化带等处。皇家园林承德避暑山庄里面就采用了林植(图 2-44)。

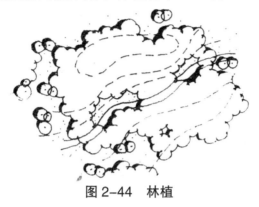

图 2-44 林植

（六）群植

群植是由多种植物混合一同栽植而成的类型。主要以乔木为主体,与灌木搭配组合种植,组成较大面积的树木群体,图 2-45 所示为复层混交群落植物配置平面示意图;图 2-46 所示为群植的垂直分层。它在园林构图中可作主景、屏障、诱导或透视的夹景。

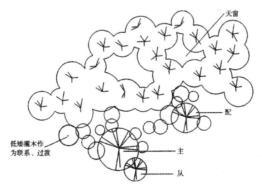

图 2-45 复层混交群落植物配置平面示意图

图 2-46　群植的垂直分层示意图

在进行群植设计的时候要注意不同种植物种的搭配,要充分了解每种植物的生长特点,要种植合宜,不要杂乱无章。①

(七)草坪

草坪通常是用多年生矮小草本植株密植而成的,它为我们提供户外活动和体育运动场所,除此之外它还有美化环境、净化空气、保持水土等多种功能,是景观设计和环境绿化的重要组成部分(图 2-47)。

图 2-47　草坪

---

① 群植在植物选择上应综合考虑喜光树种与阴性树种、物候季相、叶色花期、树形姿态等因素。由于它主要表现群体美,因此对单株要求并不严格。群植植物的规模一般也不大,一般长度不大于 60 米,长宽比不大于 3:1,树种不宜过多,以免杂乱。

第三节 建筑与照明

一、建筑

（一）建筑的功能

建筑作为重要的功能设施和视觉要素，必然成为生态景观设计的重要组成部分。在城市绿地中，建筑（不包括城市公共设施）的最主要功能是为游人提供一个方便、舒适的停留场所。对于建筑，重点需要考虑的问题是建筑的选址和平面形态布局。绿地中的建筑，一般分为建筑群体组合和单体建筑两类。建筑群体常结合周围环境形成"节点"，成为一个区域的中心、视线的焦点，是主要的功能服务区和重要的观景场所。单体建筑在园林绿地中多以"点"的形式出现，就其景观价值而言，多起"点睛"作用。

（二）建筑的设计要领

1. 类型与风格

在生态景观设计中，关于建筑首先应该思考的是绿地内部需要哪些功能类型的建筑。对于主要功能建筑，一般会有明确要求，而对于辅助设施与建筑，则需要设计者进一步完善，需要在图纸中予以表达。

2. 建筑与环境

建筑的存在并不是孤立的，其位置、朝向、体量应以环境为依据，一方面我们常常希望它与环境融为一体，弱化其形态与材质的个性，"融化"于环境当中。另一方面，建筑可以塑造环境。它可以作为焦点，体现环境特征；可以作为空间界面，塑造空间；也可以构成一个节点,一个中心,一个环境中的"核",控制整个区域。无论是融于环境还是塑造环境,两者并非相互矛盾,而是源自设计者遵循的目标与设计意图的差异。

3. 选择适宜的建筑

由于与环境在形态上存在明显差异,建筑必然地成为场地当中的焦点,通过特定的形态体现其设计思想,并对景观绿地的形式风格与特征的表达起到十分显著的作用。要恰当选择适宜不同环境的不同建筑类型,以恰当的方式、多样的途径、丰富的建筑形态丰富我们的设计。

4. 体量与尺度

建筑的功能是决定建筑体量的主要因素,每一栋建筑的体量都应与其功能相对应、相协调。另外,建筑的尺度与体量和审美密切相关,因此,在满足功能的前提下,可以通过对建筑形态的塑造,对建筑的尺度与体量加以控制,使其符合审美需要,并与环境相协调。

5. 院落空间

院落空间中西皆有,然而就造园角度而言,差异很大。学习中国传统设计思想、理念与手法是我们的责任,我们应该对这种类型的设计予以理解和把握,并能够较好地应用。

二、照明

景观的照明主要是灯具的使用,灯具是用来固定和保护光源的,并调整光线的投射方向。灯具既要保证晚间游览活动的照明需要,又要以其美观的造型装饰环境,为城市景观增添生气。

(一)照明灯具的功能作用

照明灯具的功能作用主要体现在以下几个方面。

（1）装饰性：照明灯具具有点缀、装饰城市环境的功能。

（2）功能性：照明灯具设计可以满足照明要求，为人们的夜间活动提供安全保证。

（3）灯光可以衬托各种景观气氛，使景观环境更富有诗意。绚丽明亮的灯光，可使生态景观气氛更为热烈、生动、欣欣向荣、富有生机，而柔和、轻微的灯光则会使生态景观更加宁静、舒适、亲切宜人。

（二）照片灯具的类型及特征

灯具类型多样，常用的景观照明按灯的高度可分为5种（表2-3）。

表2-3　灯具类型及特征

类型	特征
高杆灯	采用强光源，光线均匀投射道路中央、利于车辆通行。高度4～12m，间距10～50m
庭院灯	外形优美，容易更换光源，具有美化和装饰环境的特点。高度1～4m
草坪灯	灯光柔和、外形小巧玲珑，充满自然意趣，高度0.3～1m
地面灯	含而不露，为游人引路并创造出朦胧的环境气氛
水底灯	灯光经过水的折射和反射，产生绚丽的光景，成为环境中的亮点

（三）不同灯具的光源属性

不同灯具的光源属性，可见表2-4。

表2-4　不同类别的光源

类型	额定功率范围（W）	光效（1m/W）	平均寿命（h）	显色指数 Ra
白炽灯	10～100	6.5～19	1000	95～99
卤钨灯	500～2000	19.5～21	1500	95～99
荧光灯	6～125	25～67	2000～3000	70～80
荧光高压汞灯	50～1000	30～50	2500～5000	30～40

续表

类型	额定功率范围（W）	光效（1m/W）	平均寿命（h）	显色指数 Ra
钠灯	250 ~ 400	90 ~ 100	3000	20 ~ 25
金属卤化物灯	400 ~ 1000	60 ~ 80	2000	65 ~ 85
氙灯	1500 ~ 100000	20 ~ 37	500 ~ 1000	90 ~ 94

(四)照明灯具的设计要点

（1）灯具设计应注意造型美观,装饰得体,考虑其休闲性、参与性、趣味性、协调性等,并要结合环境主题赋予一定寓意,包含一定的文化内涵,突出个性,以丰富城市景致。

（2）设置灯具要注意景观环境与使用功能的要求,需要根据不同的环境来选择灯具的造型、尺寸、亮度、色彩等,并注意合理的照明方式,要避免发生有碍视觉的眩光(表2-5)。

表2-5 照明方式

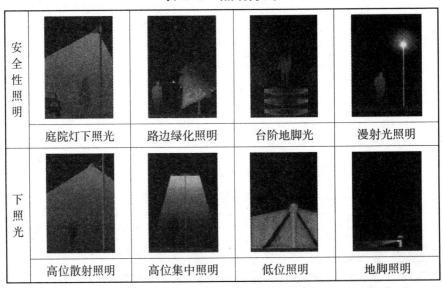

安全性照明				
	庭院灯下照光	路边绿化照明	台阶地脚光	漫射光照明
下照光				
	高位散射照明	高位集中照明	低位照明	地脚照明

（3）材料质感的选择会影响灯具的艺术效果,并对人们的心理感受产生一定作用。金属或石材制作的灯具,使人感觉到稳定和安全;玻璃或透明塑料有玲珑剔透的水晶宫般氛围;要创造富

丽堂皇的气氛,可使用镀铬、镀镍的金属制件;要创造明快活跃的气氛,则可采用质感光滑的金属、大理石、陶瓷等材料;要创造温暖亲切的感觉,则可在灯具的适当部位采用木、藤、竹等材料(图 2-48,图 2-49)。

图 2-48　金属灯

图 2-49　世博园生态照明灯

(4)灯具高度的选择要与功能相适应,一般灯具高度在 3m 左右,大量人流活动空间的灯具高度在 6m 左右。

(5)灯柱高度要与灯柱间的水平距离比值恰当,以形成均匀的照度,一般灯具中采用的比值为:灯柱高度：水平柱距 =1：12 ~ 1：10。

(6)不同视距对不同类型的灯具有不同的观感和设计要求。如设置低杆灯具侧重于造型的统一和个性,注意细部的精致处理;对于高杆灯,则注重其整体造型和大的节奏关系。

(7)灯具要针对城市中的特定景物,如植物、水体、雕塑等造型进行合理布置,见表 2-6。

表 2-6　特定景物灯位布置

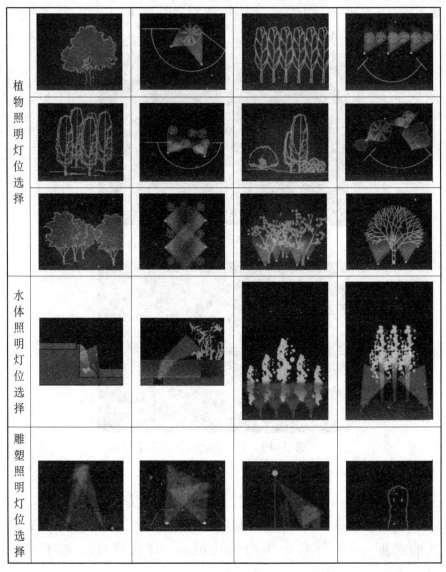

第四节　景观要素的处理

一、地形要素

（一）地形的功能特征

地形要素是景观设计中的一个重要环节，是户外环境营造的必要手段之一。地形是指地表在三维项度上的形态特征，除最基本的承载功能外，还起到塑造空间、组织视线、调节局部气候和丰富游人体验等作用。同时，地形还是组织地表排水的重要手段。部分设计者在设计中常常缺失地形设计，致使方案无论在功能上，还是在风格特征上都无法令人满意。

地形可以塑造场地的形式特征，并对绿地的风格特征影响很大。地形从形态特征上可分为自然地形和规则地形（图2-50），以规则形态或有机形态雕塑般地构筑地表形态，构成地表肌理，能给人以强烈的视觉冲击，形成极具个性的场所特征和空间氛围，是景观设计的常用手段。

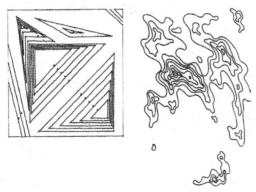

图2-50　规则地形和自然地形

地形的表现方式一般采用等高线。其他常用到的辅助表现方式有控制点标高、坡向、坡度标注等。

（二）地处要素的处理要点

1. 塑造空间

地形的基本功能之一是塑造空间（图 2-51）。地形的起伏变化形成了山脊、山顶等突起的制高点，同时，也形成了洼地、谷地等各类内向聚合或线性延展的空间。地形在空间塑造过程中的作用是决定性的，常常成为空间的"骨架"，影响场所的特征与氛围。在地形设计过程中，应注意对地形的尺度和坡度的控制。

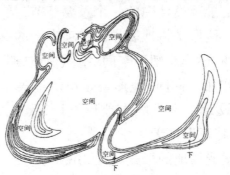

图 2-51　地形塑造空间

2. 因地制宜

现状中已有地形变化的场地，要充分利用原有地形的特点，有时稍加调整，即可达到事半功倍的效果，满足使用需求。这样既能降低建设成本，又体现了对场地自身特征的尊重（图 2-52，图 2-53）。

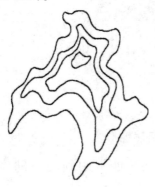

图 2-52　主峰定位与形态塑造　　　图 2-53　山体层次塑造

3. 形成体系

多样的地貌和丰富的竖向变化,并形成体系。对于面积较大的园子,可以创造出多样的地貌,如山体、小丘、盆地、缓坡等。反映在等高线上,要有疏密变化、有聚散、有主次。此外,孤立的山峰很难形成丰富的景观,需要将多组地形组织于一个有机的系统之中,主客分明、有缓有急、相互呼应(图 2-54)。

图 2-54　地形体系

4. 与其他要素相协调

地形应与其他要素相配合,形成统一的有机的户外空间。特别是山水关系,如山水相依、山抱水转。另一方面,运用植物与地形有机结合,进一步细分空间,以期形成丰富的空间体系(2-55)。

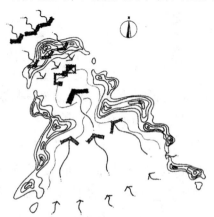

图 2-55　地形对局部小环境的调节

5.视线控制、组织游览

在地形设计时,还需考虑对视线的控制,结合种植设计,可建立一些视觉通道,透出相邻空间内的景色,也可以完全隔离。还可通过地形设计遮挡不良景观、阻隔噪音等。

二、材料要素

(一)材料的特征

材质是材料质感和肌理的传递表现,人对于材质的知觉心理过程是较为直接的。在景观设计中,设计者将材料本身的特点与设计理念结合在一起,可以表达特有的主题,不同的质感、肌理带给人不同的心理感受。同样的材料由于不同的纹理、质感、色彩、施工工艺所产生的效果也不尽相同。

(二)材料运用的特征

(1)砖、木、竹等材料可以表达自然、古朴、有人情味的设计意向。

(2)玻璃、钢、铝板可以表达景观小品的高科技感。

(3)裸露的混凝土表面及未加修饰的钢结构颇具感染力,给人以粗犷、质朴的感受。

(三)材料的应用

现今景观造型设计的质地随着技术的提高,形式多种多样,极大地丰富了景观造型设计的语言和形式。当代城市景观造型设计经常使用的主要有木材、石材、金属、塑料、玻璃、涂料等。由于景观造型中的小品被置于室外空间,要求能经受风吹雨淋、严寒酷暑,以保持永久的艺术魅力,设计人员就必须了解材料性能,使用坚固的材料。另一方面从审美角度上要依靠不同材料的应用来表现小品造型与景观美感,要通过不同材质的搭配使用,丰富景观小品的艺术表现力,各种材料的质感和特性都不一样,给人的视觉、触觉感受、联想感受和审美情趣也都有所区别,因此,使得现代景观小品从形式和内容上都有崭新面貌。

三、环境要素

在进行景观设计的时候最重要的还是要做到与环境的有机结合,在不同的环境条件下对景观设计提出的要求也不同。从大环境来讲,在为这个城市进行景观设计时要结合这个城市的特点,然后通过整体的设计安排实施到方方面面,让每个人都能深刻地感受到这个城市的魅力。从局部来看,我们要把人们对景观的需求放入我们的设计当中,这包括人们的情感需求和观赏需求等各个方面。所以一份优秀的景观设计方案必须是考虑了各种环境因素的影响的。

(一)环境分类

结合景观设计中小品的特点,其设计时考虑的环境主要有以下几类。

(1)物化环境:噪声、空气质量、温度、粉尘、照明、人流量等物理因素。

(2)社会环境:所处不同空间的文化氛围、社会秩序、管理等因素。

(3)美学环境:造型、色彩、音乐等给人的感官效果。

(二)景观小品造型空间与环境关系

把外界的景色巧妙地组织起来,使单一、零散的景观更为统一有序、富于变化,在空间中形成过渡和连接的纽带,引导游人从一个空间进入另一个空间。

1. 焦点式布局

焦点式布局在景观环境中主要起到主景作用,即把景观小品布局在环境的中心位置,一切围绕中心层层展开,可在十字路口中间,在道路轴线的尽头或在广场中央等。

2. 自由式布局

自由式布局在景观环境中主要起到点景的作用,能给景观环境带来比较自由、活泼、轻松的效果,注意做到看似漫不经心的摆放,却是精心设计的结果,使景观小品的布局恰到好处。

3. 边界式布局

大部分景观小品都可以布局于道路及广场的边界上,在造型上点状、线状与面状均可应用,主要起到界定空间,分割、遮挡,装饰、美化边界的作用。

第三章 生态理念的景观空间与建筑设计

人是空间的使用者,是空间的主体,空间的形成与存在的最终目的是为人提供适宜的生存与活动场所。所以,在景观空间设计过程中,应将生态理念作为设计的出发点。景观建筑是一种与景观空间密切集合,与自然融为一体的建筑类型,它对城市的精神文明、环境保护、社会生活起着重要作用。本章将对景观空间与建筑设计展开论述。

第一节 建筑布局与景观空间表达

一、建筑布局方式

当今土地资源日渐珍贵,从节约建设用地的角度来看,在城市中能集中布局的尽量不要采用分散式布局,以提高容积率和建筑密度。但分散布局在顺应地形、空间节奏、形态对比以及景观视野等方面具有显著优势。

按照空间特性可分为内向型或外向型布局。内向空间强调围合性、隐蔽性,有较明确的边界限定;如"庭""院""天井"等都倾向从建筑开始向内部围绕闭合。而外向空间通常是以场地的核心位置或至高点处建筑物或构筑物开始朝外围空间扩张、发散。如我国皇家园林中,通常在山脊堤岸等控制点建造亭台楼阁、以观周遭景色,就具有外向开敞的特点。

按照组织秩序特质可分为几何化与非几何化布局。几何化布局体现了建筑在关注基本使用、体验以及建造逻辑等理性条件下的自我约束特征。非几何化布局反映出形态的多元性与自由性。

归结起来常见的有以下一些有效布局方式。

（一）轴线对称布局

轴线对称布局强调两侧体量的镜像等形；轴线可长可短；可安排一条，也可主次多条并行。这种体系为很多古典以及纪念性建筑提供了等级秩序基础；直至现代，轴线系统也因其鲜明的体块分布及均衡稳定的图式等优势成为很多建筑师重要的设计策略（图 3-1）。

图 3-1　轴线对称布局

（二）线性长向布局

线性布局相对"点""面"的几何特性而言更强调方向感，它以长向布局造成节奏的重复与加强，可以沿某一方向直线或折线等展开，具有明显的运动感。张永和及其非常工作室设计的北京大学青岛国际会议中心，就采用线形布局（图 3-2）。基地是临海陡坡，建筑垂直于等高线横向延伸；一字并联的建筑造成从山至海、从上到下的明确方向指示；人们在一系列由不同标高的室内功能区域到室外平台的转换游历过程中，强化了对线形空间的体验。

图 3-2 北京大学青岛国际会议中心

西萨佩里（Cesar Pelli）设计的美国西部住宅（Private Residence-Western USA）利用高敞的露明木梁柱结构长廊将主人房和客房联为一体，主体建筑各功能区均衡分布于长廊两侧。长廊既是空间序列线索，又是形象控制元素（图 3-3）。

图 3-3 美国西部住宅

（三）核心内向布局

核心布局可被描述为一种各部分都按一定主题组织起来的内向系统，它具有中心与外围之分。风车型、十字型、内院型、圆形以及组团围合等都具有明显的内聚向心力。我国福建客家土楼就是典型的核心布局系统。建筑采用单纯的绝对对称型制——圆形围合成内院，若干住户连续安排在圆圈外围，中心设置公共建筑，这样的布局显然利于聚族而居和抵御外侵（图 3-4）。

图 3-4　福建客家土楼

（四）放射外向布局

放射布局是一种从中心向外辐射传递力量的外向系统，各方向在相互牵制中保持动态平衡。威廉·彼得森（William Pedersen）与科恩·彼得森·福克斯（Kohn Pedersen Fox）共同设计的美国佛蒙特州斯特拉顿山卡威尔度假别墅（Carwill House Ⅱ，Stratton Mountain，Vermont），顺应山林坡地做不规则布局，圆柱形楼梯成为各放射单元的联系、交接与过渡区域，各体量围绕它在三个基本方向上形成螺旋逆转。这种不规则的放射布局，使人们在行进的各个透视角度上，都具有异于单一线形体系的丰富视觉层次（图 3-5）。

图 3-5　威尔度假别墅

（五）"拓扑"布局

"拓扑"连续变化是一类特殊的变形，它指运动中的物体在产生形状、大小变化时仍保持其固有性质。如圆、方、三角形、L形，其形状不同，但都具有闭合的轮廓；相互穿插组合的几何形体经过拉伸、弯曲等变化后仍保持其原有性质，这说明事物在保持其基本属性的同时也具有灵活性（图 3-6）。中国传统官式建筑组群大多保持中轴对称关系，而在园林以及一些民间城镇村落整体布局中，所受线性约束更少。园林在营造过程中试图"以小空间见大自然"，将文学与绘画艺术中描写的"诗情画意"融贯其中。其整体布局往往以水面为中心，分景区安排游览路线以及景色；整个行进过程好像漫游在一幅逐步展开的画卷中，步移景异，动静相宜，旷奥有致。这种对景观层次的组织无疑受到传统山水画中"散点透视"逻辑及方法的影响。在这里，建筑、道路、水系不是绝对几何划一的安排和定量数值关系，而采用灵活的形态与边缘；尽管如此，它们内在仍具备一些如闭合、多边、虚实相生、正负互补、动态、向心、离心等组织规律，我们借数学概念来表达建筑学范畴中的这种非几何化的复杂秩序——"拓扑"式布局。这种方式也不失为现代建筑群分散动态布局的一种借鉴。

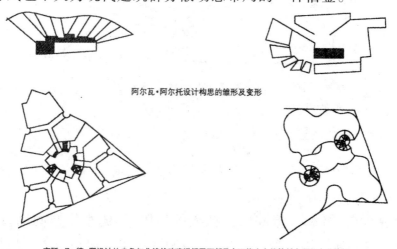

阿尔瓦·阿尔托设计构思的雏形及变形

密斯·凡·德·罗设计的尖角与曲线状玻璃塔楼平面都具有环绕中心核放射布局的本质特征

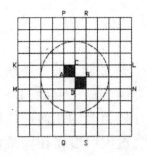 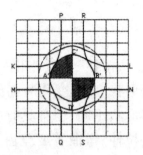

山方形骨骼变形为球面突起骨骼的埃舍尔绘画作品

图 3-6　拓扑变形后仍保持原有性质

二、景观空间构成

景观空间构成要素较为复杂,具体空间形态也是多种多样。从整体空间的直观感知形态上可将其大致分为线形空间、节点空间、面状区域和标志物(图 3-7)。每一种类型的空间都不能独立存在,是一种相互依存的关系。

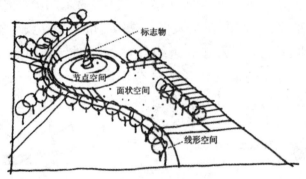

图 3-7　空间构成示意

(一)线形空间

在空间中具有"线"元素的特点,给人流动感的空间体验,例如由道路、河流等形成的空间。通常贯穿于场地中,起到联系各景观节点、组织人流和引导视线的作用,形成整体空间的框架。线形空间通常因交通而产生,其空间的布置和组织对于环境景观和营造空间体验具有重要意义。线形空间的设计要考虑其线形的转接关系,它设定了观者的路线,对于空间体验的影响至关重要;并要考虑各类景点的观赏视线问题,有机组织,协调统一。

（二）景观标志物

景观标志物是景观空间中的点状参照物,标志物通常是具有一定可识别性的造型元素,比如环境中的人工建筑物、山体、雕塑等。作为环境中的标志物,其造型、色彩、材质要和周围环境具有明显区别,并应具备一定体量。标志物通常和节点空间结合布置,形成节点空间的重心。标志物的设计要考虑和环境的尺度关系,以及其视觉特点,营造空间中的点睛之笔,以塑造特色的景观空间。

（三）面状区域

面状区域是空间中相对开阔、由同一元素构成,并具有明确边界的空间类型,如环境中大面积的水面、草地等。和节点空间不同的是,面状区域没有明确功能,可以理解成景观骨架中的环境基础。相对于线性空间和节点空间,面状区域在设计中通常并不属于主动设计因素,但对观者的视觉体验同样有很大影响,例如开阔的草坪给人以疏朗、静逸的感觉;烟波浩渺的湖面令人心旷神怡。面状区域是空间设计中的重要内容。

（四）节点空间

这里的节点空间是线形空间的放大区域,是整体空间的重要景点或者观景点,通常具有一定的功能设定,满足环境中人的各种空间需求。例如空间中的一处硬地广场,相对于连接广场的道路就可以理解为节点空间,其中布置各种构筑物、设施、景点等,来完成相应的功能作用。整个区域内通常有多个节点空间构成,节点之间相互影响,有主有次,共同形成整个景观框架中的亮点；节点空间的设计布局以及和与线形空间的组织关系是整体空间设计的关键。

三、景观空间的设计的原则

(一)设计时要从其使用功能要求出发

空间设计首先要从其使用功能要求出发，注意空间的适宜性。每一种类型的景观空间具有相应的使用功能，其空间的特点也要有所区别。比如城市公园是人们休闲娱乐、接近自然的地方，所以环境要营造轻松、自然的感觉，以绿地空间为主，道路设置要考虑园景的序列转换，增加空间的层次。例如图 3-8 所示，北京明城墙遗址公园绿地中设置弯曲的园路以形成多变的视角，开辟小面积硬地提供休憩功能；植被的遮掩能够丰富空间的层次。而城市广场一般是人们进行政治、经济、文化等社会活动或交通活动的场所，通常具有大量的人流和车流，和城市空间关系更为紧密，所以广场类型的景观其空间几何线形较多，硬质铺地等人工元素较多。如图 3-9 所示，城市广场具有几何形的平面结构，空间以硬质地面为主，植被用于空间的点缀。

图 3-8　北京明城墙遗址公园

图 3-9　城市广场

（二）设计时要分析人在环境中的各种行为心理需求

景观设计的目的是营造更加适宜人类生存、生活的外界环境。景观空间最终还是为人所使用,设计时要分析人在环境中的各种行为心理需求,包括普遍心理需求和特定使用人群的心理需求。比如人通常具有交流和独处的心理需求,所以空间形态需要开放空间和私密空间的结合,以满足人不同的空间诉求。如图3-10所示,根据公园坡地的地面起伏情况设置道路,折线形路面和三角形的挡墙形成独特的坡地景观。

图 3-10　城市公园

另外具有特定使用人群的景观空间,应针对性分析其使用者的行为心理需求。比如位于办公区域的景观绿地其使用者通常需要快速通行,而公园绿地的使用者则以悠闲漫步为主,这些行为心理特点对景观功能布局和人流动线的设计有重要影响。

（三）针对不同的环境条件进行相应的空间设计

空间营造是建立在对场地内原有环境条件调查分析的基础上的,根据功能需要和设计意图来营造空间序列和景物变化。设计时要因地制宜,针对不同的环境条件进行相应的空间设计,不能一概而论。例如环境中不同的地形地貌就意味着不同的空间处理手法,这也直接决定了最终的空间形式。并且要分析环境中的优、劣势,尽量利用优势条件;而对于不利的环境因素可通过各种空间手法予以改善。

另外,场地周围的环境会对场地内的空间设计产生影响。要充分考虑周围的环境因素,通过空间设计调整改善整体环境的关系。主要考虑周边环境的用地性质、空间形态以及人流状况等,分析其优缺点,在进行空间设计时要采取相应的设计处理。

（四）设计时应对空间进行整体控制

空间设计并非是单个元素的造型设计,应该对空间进行整体控制。人在环境中的连续运动形成对整个空间的印象。景观空间要给人以视觉美感和吸引力,除了各景观要素的形象,更为重要的是空间的序列组成。景观空间可概括地理解成是由一系列不同类型的小空间构成的空间序列,这些小空间的序列关系会影响整体空间的质量。设计时要仔细推敲空间的序列关系,使人在连续运动中产生步移景异的视觉效果,并且要突出空间序列中的重点,设置各种空间节点,以增强空间的节奏感。图 3-11 所示,曲线形园路围绕坡形草地设置,利用微地形和植被进行空间遮挡,营造空间的序列,以丰富移动中的视线变化。

图 3-11　曲线形园路

四、景观空间设计手法

（一）主景与配景

主景是整个空间的重点和核心,通常在构图的中心。能够体现景观的功能和主题,吸引观者的视线,引发共鸣,产生情感,富有艺术感染力。主景按照其所处的空间位置不同,包括两方面的含义:一个是指整个景观空间的主景,如趵突泉是整个趵突泉公园的主景;一个是指景观中被构成要素分割的局部空间的主景,如趵突泉里的主景是观澜亭(图 3-12)。

图 3-12　趵突泉

主景突出主题,配景衬托主景,两者相互配合,相得益彰。可以通过以下几种方法来突出主景。

1. 主景位置的高低法

主景要突出其在景观空间中的重点作用,使景观构图鲜明,可通过处理地形的高低,吸引人们的视线,通过人们俯瞰和仰视来感受主景的主体地位。中国园林景观中通常采用升高地形的方法来突出主景,主体建筑物常安置在高高的台基上,比如,天坛的祈年殿有着很高的基座,高大的主体吸引人们的视线(图3-13)。地形降低的方法多用于下沉广场,地形的凹陷会吸引人们的目光(图3-14)。

图 3-13 升高主体

图 3-14 降低主体

2. 动势向心法

水面、广场等一般都是设计成四面被环抱的空间形式,周围设置的景物充当配景,它们具有一个视觉动势的作用,吸引人们的视线集中在景观空间的中心处,通常主景就布置在这个焦点上。另外,为了避免构图的呆板,主景常布置在几何中心的一侧。如北京北海公园的景观环境,湖面是最容易集中视线的地方,形成了沿湖风景的向心动势,位于湖面南部的琼华岛便是整个景观的视觉焦点(图3-15)。动态的道路能够引导人们的走向,道路的尽头或者交汇处能够吸引人们的视线,把主景置于道路的交汇处,也就是置于周围景观的动势中心处,通过这种方法来突出主景。

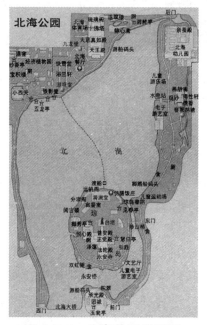

图3-15　北海公园平面图

3. 轴线对称法

轴线是景观构成元素发展和延伸的方向,具有视觉引导性,能够暗示人们的游览顺序和视线指向。主景一般位于轴线的终点、相交点、放射轴线的焦点或风景透视线的焦点上。通过轴线强调景观的中心和重点,例如故宫的三大殿,位于紫禁城的中轴线上,两边都是对称的建筑形制,无疑是处于景观的视觉焦点上,这样的构图形式突出了中心的地位(图3-16)。

图 3-16　故宫

4. 构图中心法

构图的中心往往是视线的中心,把主景置于景观空间的聚合中心或者是相对中心的位置是最直观的凸显主体的方法,使得全局规划稳定适中。在规则式布局中,主景位于构图的几何中心,例如广场中心的喷泉,往往是视线的停留处,喷泉便成为了整个景观空间的主景(图 3-17)。自然式布局中,主景在构图的自然中心上,如中国园林的假山,在山峰的位置安排上,主峰不在构图的中心,而是位于自然中心处,与周围景观协调(图 3-18)。

图 3-17　喷泉

图 3-18　假山

　　主景是景观环境的强调对象,一般除了布局上突出主景外,还会在体量、形状、色彩、质地方面进行设计以突出主景。在主景与配景的布置手法上采用对比的方式来突出主景,以小衬大、以低衬高的形式来凸显主景。有时,也可采用相反的手法来处理主配景的关系,如低的在高处、小的在大处也能营造出很好的效果,如西湖孤山的"西湖天下景",就是低的在高处的主景。

(二)景的层次

　　景观根据距离远近分为近景、中景和远景,不同距离的景色增加了景观空间的层次。在一般情况下,中景是重点,近景和远景用来突出中景,丰富了景观空间,增加了景观的层次感,避免了景观的单调和乏味。

　　植物会影响到景的层次,要合理进行搭配。在颜色搭配上,通常以暗色系的常绿松柏等作为背景植物,搭配鸡血枫、海棠、木槿等色彩鲜亮的植物形成对比,再点缀以灌木植物从而形成有层次、有对比的完整景观(图 3-19)。在高度上,远处植以高大的乔木作为背景,近处种植低矮的灌木和草本植物,在高度上营造景观的空间的层次感(图 3-20)。

图 3-19　植物的色彩层次

图 3-20　植物的高度层次

对于不同功能和形态的景观空间,可以不做背景的设计。如纪念性建筑或特定文化区域,在不影响其主要功能的前提下,设计较视平线低的灌木、花坛、水池等小品中作为近景。整体的背景以简洁的自然环境为主,如蓝天白云,以便于突出建筑宏伟壮观的景观特点,如印度的泰姬陵(图 3-21)。

图 3-21　泰姬陵

（三）点景

对景观空间的各种构成要素进行题咏,以突出景观的主题和重点的设计手法叫作点景。根据景观环境的主题、环境特征和文化底蕴,对构成要素的性质、用途和特点进行高度概括,做出有诗意和意境的园林题咏。点景随着园林设计的不同特点,其表现手法多种多样,如匾额、对联、石碑和石刻等。题咏的对象亦多样化,亭台楼阁、轩榭廊台、山水石木等。如泰山的石刻和石碑(图3-22)、承德避暑山庄的匾额(图3-23)和扬州琼花观的对联等。在形式上不仅丰富了区域的文化内涵,突出区域设计的归属感,还具有导向、宣传的作用。

图 3-22　泰山的石刻和石碑

图 3-23　承德避暑山庄的匾额

（四）其他设计手法

中国古典建筑中有许多景观空间的设计手法，以下进行简单的介绍。

1. 借景

通过有意识的造景手法将景观区域以外的景物融入景观设计中，以此来营造丰富、优美的景观环境叫作借景。借景的多样性提升了园林景观的美感，通过借景手法将景观空间内的观赏内容无限扩展，将无限融入有限之中，扩大了景观的深度和广度。

例如杭州西湖的"三潭印月"和"平湖秋月"等，以月色为衬托，打造了梦幻般的美景（图3-24）。月色具有美感，"日出东方，日落西山""火烧云""雨后彩虹"等元素为景观环境赋予了另一种美的享受。另外，"红瓦绿树碧海蓝天"无时无刻不反映着植物和建筑色彩的搭配，互补色带给景观空间强烈的美感体验。"春暖花香"，借助大自然中植物的香味为景观环境增彩，增加了人们游园的兴致，可谓既赏心悦目又心旷神怡。苏州拙政园中"远香堂""荷风四面亭"就是借花香组景的佳例。

图3-24　三潭印月

2. 对景

以位于景观绿地轴线和风景线透视端点的景为对景。在景观观赏点提供游客休息区与观赏区，如亭台楼阁、轩榭斋廊等，使游客体会对景的精彩。正对与互对是对景的两种方式,北京景山上的万春亭是天安门—故宫—景山轴线的端点,成为主景,位于景观轴线的端点处,是正对景观的展现(图3-25)。在景观轴线的两端或附近设计观赏点为互对,如颐和园佛香阁和龙王庙岛上的涵虚堂则是互对景观很好的体现(图3-26)。

图3-25　万春亭

图3-26　颐和园

3.分景

在我国的园林设计中多以曲径通幽、错落有致、虚实相交、欲露还藏的方式来表现园林景观的含蓄美。营造景中景、园中园、湖中湖、岛上岛的园林景观,以体现园林的意境美。在营造手法上采用分割的方式,使园林景观层层相扣、园园相连,体现了空间层次的多样性、丰富性,这体现了景观设计的分景处理手法。

4.夹景

景观环境中,通常会有一些区域的景色较为匮乏,不具有观赏的美感,如大面积的树丛、树列、山丘和建筑物等,把这部分区域加以屏障,形成两边较封闭的狭长空间叫作夹景(图3-27)。这种处理方式突出了对景,既起到了遮丑的作用,又起到增加景深的效果。

图 3-27 夹景

5.漏景

漏景是由框景延伸而发展来的景观设计手法,它的特点是将此区域的景色表现得若隐若现、似有似无、委婉而含蓄,给人们以视觉的新鲜感。所表现的形式有镂空式花墙、窗户、隔断和漏屏风等。所漏的景物优美,色彩多以亮丽、鲜艳为主,具有观赏性(图3-28)。

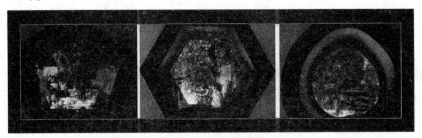

图 3-28 漏景

6. 框景

框景就是将景色置于框架之内,将优美的景色通过墙面镂空的窗户、门框、树框、山洞和建筑之间错落所形成的空间展现出来,犹如装裱在一个框架内。例如在苏州园林、扬州瘦西湖的吹台采用了此种处理手法(图 3-29)。优美的景色通过框景成为视觉焦点,在人们观赏之时,由框景内的景色引发人们对于景观空间的好奇感和求知感,增加了游览的兴趣。

图 3-29　吹风台

框景的营造需要讲究构图,做好景深的处理。景框作为前景,优美的景色作为欣赏的主景,位于景框之后,体现了景观空间的层次感,增强了景观环境的艺术表现力。框景利用景观中的自然美,利用绘画的艺术手法创造出一幅生意盎然的自然画作。

7. 添景

添景是在较为空旷的区域,点缀小品设计以增加景观空间的过渡性,使整体的视觉空间不至于太空旷、单调,与周围的景观形成层次感,营造景深的效果,增加视觉美感。如在园林入口摆放象征此区域的文化石或雕刻,造型与整体景观相匹配的纪念性建筑物等;湖边种植垂柳增加湖水平面的高度与垂柳高度的视觉对比,使整个画面层次分明、错落有致,清爽宜人(图 3-30)。

图 3-30　添景

五、利用建筑手段限定空间

运用建筑手段限定空间是景观设计中最为直接、有效的方法，但需要注意的是，这种空间限定方式容易使景观产生过于人工化的感觉，所以应用的时候应该慎重。

常用的建筑手段，如墙体的围合、景观建筑物的使用（如亭、架、廊等）等。在景观实例中，建筑手段总是和其余各种方式共同组合来形成空间的（图 3-31，图 3-32）。

图 3-31　地形地陷形成围合

关于空间的形式感、流动感、序列感等的创造手法，以及关于空间、灰空间、弹性空间等，可以参考建筑方面的基础知识书籍。

图3-32　运用缓坡尽端形成内向下沉空间

第二节　地形的设计与复杂地形的造景

一、地形的释义

地形地貌特征是所有户外活动的根本,地形对环境景观有着种种实用价值,并且通过合理的利用地形地貌可以起到趋利避害的作用,适当的地形改造能形成更多的实用价值、观赏价值和生态价值。

地貌和地物统称为地形。地貌是地表面三维空间的自然起伏的形态,地物是指地表上人工建造或自然形成的固定性物体。特定的地貌和地物的综合作用,就会形成复杂多样的地形。可以看出,地形就是作为一种表现外部环境的地表因素。因此,不同地形,对环境的影响也有差异,对于其设计原则便不尽相同。

二、地形影响的选址因素

对于基地的选址问题,地形起着至关重要的作用,不同类型的景观规划设计对地形有着不同的要求。

城市中的不同功能的景观,其地形的选址也差异显著。对于一些纪念性公园或寺庙园林可选在山地区域内,将纪念堂或是纪念碑等建筑物置于山地中较高的海拔位置,游人从较低的山脚攀爬途中易产生庄重威严的心理感受。例如中山陵,坐落在南京东郊紫金山南麓,依山势而建,形成气势磅礴、雄伟壮观的景象(图3-33)。

图3-33　中山陵

城市广场的选址不同于纪念性景观,需要平整开阔的场地满足城市聚会、休闲和举行大型活动的功能需求。综合性公园的选址要选择较为开阔的平整地形,在其周边有可供攀爬、观景的小山丘或有地势较低的凹地聚集成湖水者为最佳,综合平整地型和少量凸地形或凹地形可为公园创造更丰富的景观效果。如承德避暑山庄,宫苑内有山水环抱,其最大特色是山中有园、园中有山(图3-34)。

图3-34　承德避暑山庄地形图

三、地形的分类

根据地形的形式,主要分为以下几类。

(一)平地

平坦地形是指与人的水平视线相平行的基面,这种基面的平行并不存在完全的水平,而是有着难以察觉的微弱的坡度,在人眼视觉上处于相对平行的状态。

平地从规模角度而言,有多种类型,大到一马平川的大草原,小到基址中可供三五人站立的平面。平地相比较其他类别地形的最大特征是具有开阔性、稳定性和简明性。平地的开阔性显而易见,对视线毫无遮挡,具有发散性,形成空旷暴露的感受。如图3-35 所示,平地自身难以形成空间。

图 3-35　平坦地形

平地是视觉效果也是最简单明了的一种地形,没有较大起伏转折,但容易给人单调枯燥的感受。因此,在平地上做设计,除非为了强调场地的空旷性,否则应引入植被、墙体等垂直要素,遮挡视线,创造合适的私密性小空间,以丰富空间的构造,增添趣味性。如图 3-36 所示,通过地形的改造以及植物的运用形成私密空间。

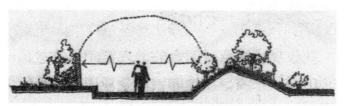

图 3-36　地形的改造

平地能够协调水平方向的景物,形成统一感,使其成为景观环境中自然的一部分。例如水平形状建筑及景物与平地相协调。反之,平地上的垂直性建筑或景观,有着突出于其他景物的高度,容易成为视觉的焦点,或往往充当标示物。

平地除了具有开阔性、稳定性和简明性以及协调性外,还有作为衬托物体的背景性,平地是无过多性格特征的,其场地的风格特点来源于平地之上的景观构筑物和植被的特征。这样,平地作为一种相对于场地其他构筑物的背景而存在,平静而耐人寻味,任何处于平地上的垂直景观都会以主体地位展露,并且代表着场所的精神性质。

(二)凸地形

观揽国土,山峰、山脊、丘陵、小山丘等都归属于凸地形,凸地形可以简单定义为高出水平地面的土地。相比平地,凸地形有众多优势,此类地形具有强烈的支配感和动向感,在环境中有着象征权利与力量的地位,带来更多的尊重崇拜感。可以发现,一些重要的建筑物以及上文中提到的纪念性建筑多耸立于山的顶峰,加强了其崇高感和权威性。

凸地形是一种外向形式,当建筑处于凸地形的最高点时,视线是最好的,可以于此眺望任意方向的景色,并且不会受到地平线的限制。如图3-37所示,位于凸地形高点时视线不受干扰。因此,凸地形是作为眺望观景型建筑的最佳基址,引发游人"会当凌绝顶,一览众山小"的强烈愿望。

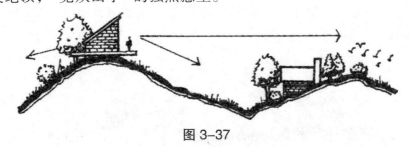

图3-37

想要加强凸地形的高耸感方法有二:首先,在山顶建造纵向延伸的建筑更有益于视线向高处的延伸,其次,纵向的线条和路线会强化凸地形的形象特征。相反,横向的线条会把视线拉向水平方向,从而削弱凸地形的高耸感。如图 3-38 所示,纵向线条加强凸地形性质,横向线条消弱高耸感。因此,针对特定的要求,应适当调整对凸地形的塑造手法。

图 3-38

凸地形中包含了山脊的形式,所谓山脊是条状的凸地形,是凸地形的变式和深化。山脊有着独特的动向感和指导性,对视线的指导更加明确,可将视觉引入景观中特定的点。山脊与凸地形同样具有视觉的外向性和良好的排水性,是建筑、道路、停车场的较佳的选址。

在凸地形的各个方向的斜坡上会产生有差异的小气候,东南坡冬季受阳光照射较多且夏季凉风强烈,而西北坡冬季几乎照射不到阳光,同时受冬季西北冷风的侵袭。图 3-39 所示,西北坡受冬季寒风吹袭。因此,在我国大多数地区,东南朝向的斜坡是最佳的场所。

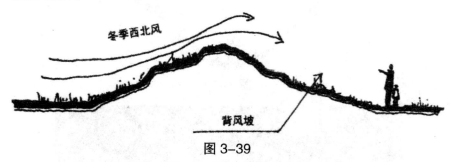

冬季西北风

背风坡

图 3-39

总之,凸地形有着创造多种景观体验、引人注目和多姿多彩的作用,这些作用不可忽视,通过合理的设计可以取得良好的功能作用和视觉体验。

（三）凹地形

凹地形与凸地形有着本质的差别。凸地形是一块实地，而凹地形则为一个空间。一个凹地形可以连接两块平地，也可与两个凸地形相连。在地形图上，凹地形表示为中心数值低于外围数值的等高线。凹地形所形成的空间可以容纳许多人的各种活动，作为景观中的基础空间。空间的开敞程度以及心理感受取决于凹地形的基底低于最高点的数值，以及凹地形周边的坡度系数和底面空间的面积范围。

凹地形有着内向型和向心性的特质，有别于凸地形的外向性和发散性，凹地形能将人的视线及注意力集中在它底部的中心，是集会、观看表演的最佳地形。如图 3-40 所示，凹地形中视线聚集在下方内部空间。将凹地形可以作为独特的表演场地是可取的，而凹地形的坡面恰巧可作为观众眺望舞台中心的看台。如图 3-41 所示为凹地形形成聚会、表演的场所。许多的户外剧场、动物园观看动物的场地以及古代罗马斗兽场和现代运动场都是一个凹地形的坡面围成的较为封闭的空间。

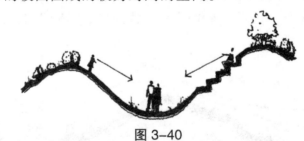

图 3-40

图 3-41

凹地形对小气候带来的影响也是不得忽略的,它周边相对较高的斜坡阻挡了风沙的侵袭,而阳光却能直射到场地内,创造温暖的环境。虽然凹地形有着种种怡人的特征,但也避免不了落入潮湿的弊病之中,而且地势越低的地方,湿度就越大。首先这是因为降水排水的问题所造成的水分积累,其次是由于水分蒸发较慢。因而,洼地本身就是一个良好的蓄水池,也可以成为湖泊或是水塘。

另一种特殊的凹地形——山谷,其形式特征与洼地基本相同,唯一不同的是山谷呈带状分布且具有方向性和动态性,可以作为道路,也可作为水流运动的渠道。但山谷之处属于水文生态较为敏感的地区,多有小溪河流通过,也极易造成洪涝现象。山谷地区设计时应注意尽量保留为农业用地,生态脆弱的地区谨慎开发和利用,而在山谷外围的斜坡上是较佳的建设用地。如图3-42所示,凹地形形成聚会、表演的场所。

实际上,这些类别的地形总是相互联系、互相补足、不可分割的,一块区域的大地形可以由多种形态的小地形组成,而一个小地形又由多种微地形构成,因此,设计过程中对地形地貌的研究不能单一的进行,要采用分析与综合的方法进行设计与研究。

图 3-42　谷府空间

四、地形图的表现方法

地形图的表现方法主要体现在以下几个方面：

（1）原则上，等高线总是没有尽头的闭合线。

（2）绘制等高线时，除悬崖断壁外，不能有交叉。

（3）为区别原有等高线和设计等高线，在等高线绘制时，可将原有等高线表示为虚线，将设计等高线表示为实线（图3-43）。

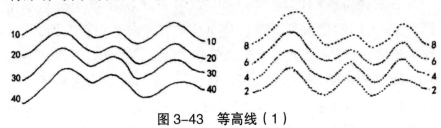

图3-43　等高线（1）

（4）注意"挖方"和"填方"的表示方法。平面图中，从原有等高线走向数值较高的等高线时，则表示"填方"；反之，当等高线从原等高线位置向低坡偏移时，表示"挖方"（图3-44）。

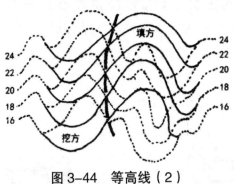

图3-44　等高线（2）

（5）注意"凸"和"凹"状坡的表示方法。平面内，等高线在坡顶位置间距密集而朝向坡底部分稀疏表示凹状坡，反之，等高线在坡底间隔密集而在坡顶稀疏则表示凸状坡（图3-45）。

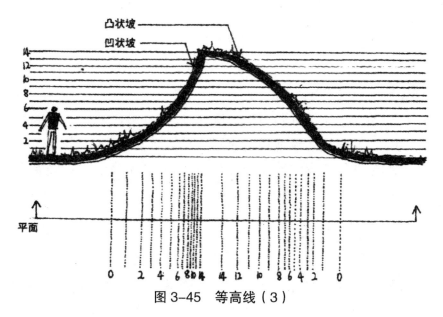

图 3-45　等高线（3）

（6）注意"山谷"和"山脊"的表示方法。等高线方向指向数值较高的等高线表示谷地,指向数值低的方向表示山脊(图 3-46)。

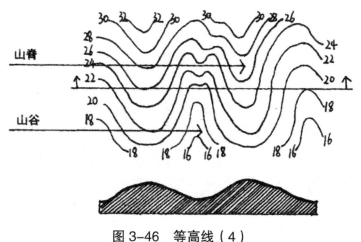

图 3-46　等高线（4）

五、地形设计的原则

地形设计的原则主要体现在以下几个方面：

（1）对地形的改造应尽量以最小干预为原则，尊重原有地形地貌，尽量减少"填方"和"挖方"。

（2）要做到因地制宜的改造地形，符合自然规律，不可破坏生态基础，根据具体地理环境制定改造设计计划。

（3）在进行地形的改造和设计过程中，要考虑艺术审美要求。

（4）设计应以节约为指导原则。

六、运用地形塑造空间

在运用地形塑造空间时，需考虑空间的场所性，每类空间都有其性质特征。影响空间感受的地形要素有三：坡度、高度、宽度。

（1）坡度是指围合空间的斜坡和水平地面的角度，坡度越大空间封闭感就越强。

（2）高度指空间视阈内，地平轮廓线的形状和高度，一个空间的天际线取决于周边的建筑或是山脊轮廓线的造型和高度，轮廓线越高，空间压迫感越强。

（3）宽度是指空间底面的面积大小，底面积越大，空间的开敞度就越大。三者中任何一个元素的改变，都会带给人不同的心理感受。根据人对空间的需求塑造开敞或私密性的景观空间。图 3-47 所示，运用地形塑造空间。对地形的改造和利用可以形成大地景观（图 3-48）。

图 3-47　空间宽度（a）

图 3-48　空间宽度（b）

　　通过利用微地形,可以形成愉快活泼的景观效果,人们可聚集在微凸的地形上放松、闲谈、嬉戏(图 3-49)。尤其是儿童游乐场地,常用地形的微凸营造趣味丰富的空间;显然,当场地有土堆、石堆等材料堆积成凸地形时,孩子们会自然地被吸引并在此攀爬玩耍,以满足儿童的好奇心。

图 3-49　微地形

七、复杂地形的造景实例

(一)坡地改造

太陡的坡地常常无法修剪,通常也难以作为花园养护。尽管某些根系强健的植物能在陡坡上生长,但大多数植物需要有石头、梯地或其他设施护坡以及阻挡或导流雨水时才能生存(图3-50),因为没有限制的雨水在冲向低处的时候会造成坡面的水土流失。

图3-50　坡地养护

整个坡地的改造除考虑减少水土流失外,还应充分考虑坡地景观工程的易操作性。在新开发的区域内,推土机留下的光滑坡壁行走起来非常危险,应在坡上修建部分平梯,以便人能够安全立足和操作。确保选择适合该地条件且管理简单的植物种类。地被植物能减少水土流失,故在石坡上种植易于管理的岩生植物。斜坡上除草和修剪需要一定的攀爬和平衡能力,故应尽量减少这些工作的麻烦。坡脚要尽可能修筑牢固,以便上部需要管理时以此作为操作平台。

（二）岩石园的创建

由于岩石会自然地崩落于山下，因此，一堵低矮的石砌短墙挡于坡脚看起来十分自然得体。如果石墙干砌而不用水泥，可在精心准备的小容器内栽植福禄考、八宝和其他岩石园植物。下面提供的材料可修筑一条 20 英尺长、18 英寸高的石墙，对于更小的地方可按比例减少用料，造景石料应该运送到现场附近。

1. 实施步骤

（1）用立桩拉线，标明石墙位置。尽量使其成直线。不必要的弯曲会减弱石墙的坚固度（图 3-51）。

（2）在坡脚用铁锹挖 14 英寸（约 35cm）深的墙基，表土、石块和贫瘠的亚表土堆放在一边（图 3-52）。

图 3-51　　　　　　　　　图 3-52

（3）从墙基下挖 4 英寸（约 10cm）深，使墙基前面较后面高出 2 英寸（约 5cm）（图 3-53）。

（4）铺 3 英寸深的砾石于墙基上。如果必要，可用岩石区别出前后部，保证前部高出后部 2 英寸（约 5cm）（图 3-54）。

图 3-53　　　　　　　　　　图 3-54

（5）将扁平的大石块牢固地斜放在砾石上,使前部比后部稍高（图 3-55 ）。

（6）将表土和泥炭藓等量混合成种植土,若为黏土则掺砂,在岩石缝隙中填塞混合种植土（图 3-56 ）。

（7）在最大的空隙处种植植物。用种植土覆盖好根部,浇足水,湿润根部和土壤（图 3-57 ）。

图 3-55　　　　　　　图 3-56　　　　　　　图 3-57

（8）重复图（7）的步骤,完成石墙堆砌。注意第二层用长一点的石块,石层由下而上逐渐向里倾斜（图 3-58 ）。

（9）在石墙与坡之间填入等量混合的石头或砾石和种植土,紧实,形成种植床（图 3-59 ）。

（10）在种植床上种植植物,浇透水,用 2 英寸（约 5cm ）厚的小石头和砾石覆盖（图 3-60 ）。

图 3-58　　　　　　图 3-59　　　　　　图 3-60

2. 备选方案

（1）地被植物

许多优良的坡地地被植物在较平坦的地方生长时容易蔓延。但严酷的坡地环境，会限制欧洲常春藤、小长春花等速生植物的蔓延。这些植物既可单种种植，也可与球根混栽，或者栽植于低矮常绿灌木如平铺圆柏周围。同种植物大片种植最能表现坡地的自然景观（图 3-61）。

如果陡坡表土主要由岩石和亚土层组成，侵蚀严重时，可挖一个比植物土球大两倍的种植穴，用好的表层土填土。盆栽植物脱盆栽植前，浇透水，栽植时稍深于原来盆栽的深度。

地被植物种植后，随着植株逐渐定植成活，也可覆盖编织物或稻草抑制杂草和防止土壤侵蚀。用装饰性的松叶覆盖物覆盖景观编织物，既可抑制杂草，又可使雨水渗进土壤。但是，如果地被植物的根系是以向下生长的方式蔓延，尽量不使用这种方法。

（2）台地

台地是在斜坡上建造的接近水平的平台。因为水平面上的水流缓慢，所以台地或成组台地可缓和水流的冲击。如果房屋建造在陡峭的坡地，修建台地既可扩大室外可利用空间，又有助于房屋四周水流的畅通。完成这些工程的工作量可能较大，最好先向专业人员咨询。

最适合修建台地的地方是在房屋的下坡一边，要记住大雨之时，台地下部会接受大量水分。为了避免水土流失，可自己动手或请工程队修建一石砌的导流沟管。

如果需要用石头加固木材镶边，仿石水泥砖使用方便且非常有效。为了加固景观木材镶边的台地，必须将砖用垂直的绳索锚定到坡中，称之为锚桩，最好让有经验的承包商来做（图3-62）。

图3-61   图3-62

（三）湿地设计

对湿地进行设计时与其他的景点结合起来，可增添更多的情趣。如果湿地周围没有持续供水的水源，可修建一个浅水池，将大石块倚岸堆置，这与水景和茂盛的喜湿植物十分和谐自然，悉心设计的防风吹雨淋的雕塑用于园中，会成为有吸引力的花园主景。

选择湿地植物时，应注意不同植物的习性，有些喜欢全光，而另一些更适合生长在遮荫的环境。确定植物名录前，先检查湿地各区的受光情况。为了取得最迷人的效果，可将花色、株形、叶形和叶质不同的植物搭配起来，如将轮廓清晰、直立的鸢尾栽植在优雅、小土堆似的玉簪旁边，可充分展示各自的特色（图3-63）。

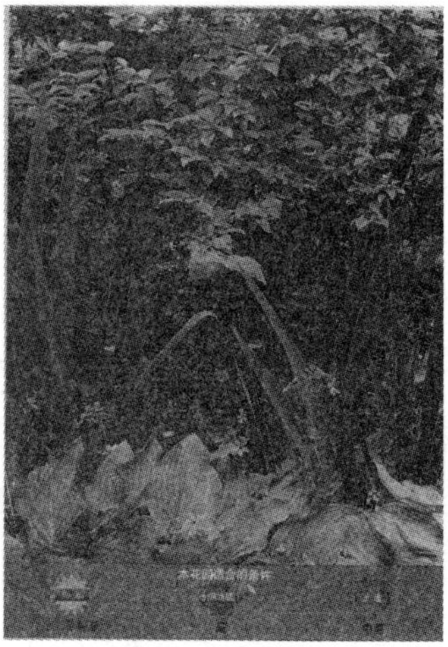

图 3-63

1. 实施步骤

如图 3-64 所示，A. 鞑靼忍冬，1 株，高 7 英尺（约 2.1m）；B. 鸢尾，4 株，高 2 ~ 3 英尺（约 0.6 ~ 0.9m）；C. 二花黄精，6 株，高 2 ~ 3 英尺（约 0.6 ~ 0.9m）；D. 波叶玉簪，6 株，高 2 英尺（约 0.6m）；E. 野生蓝福禄考，3 株，高 18 英寸（约 46cm）；F. 心叶黄水枝，8 株，高 10 英寸（约 25cm）。

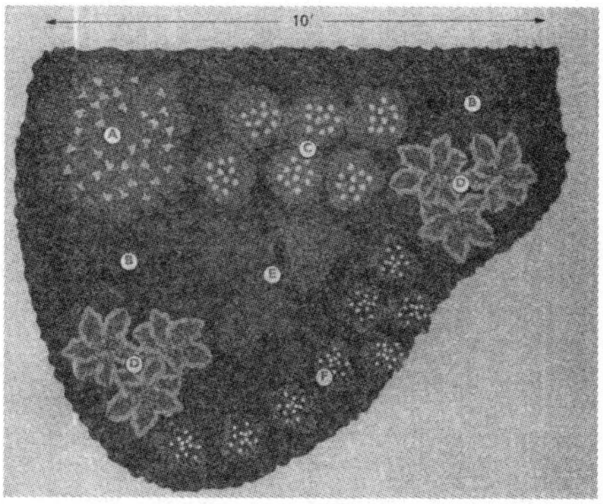

图 3-64

（1）相对干燥的土壤易与土壤改良剂混合，故在气候干燥时对湿地进行造景为宜。此时，除去杂草、捡走石块和其他碎片，修剪附近树木下部分枝过低的枝条，促进良好的透光和空气流通。为喜荫植物创造足够的遮荫环境。

（2）翻挖土壤约12英寸深，加入3英寸厚的腐殖质，如堆肥、腐叶土或泥炭藓。若土为黏土，加入1英寸厚的粗砂。在种植床中央放一块木踏板，为栽植植物提供干净的立足点。

（3）将鞑靼忍冬（A）种植于花坛后部左角2英尺处。在根系表层覆盖1英寸厚的土壤。花坛后部右角栽植两株鸢尾（B），株间距8英寸。后部中间种植两排二花黄精（C），株间距10英寸。3株波叶玉簪（D）沿花坛右侧栽植，为鸢尾根部遮荫。

（4）将踏板向前移动，在花坛中间种植蓝福禄考（E），呈三角形布置，其余的鸢尾和玉簪如图栽植，花坛前部沿弧线疏植几株心叶黄水枝（F）。

（5）给所有植物浇透水，并覆盖2英寸（约5cm）厚的有机物。

通过在花坛周边增加覆盖或碎石，可使湿地成为迷人的宁静休息场所。如果沿着步道或在花坛边缘放置板凳或石头支撑的粗制长凳，就会吸引那些悠闲漫步者停下来欣赏美景。

2. 备选方案

生长于本地小溪河畔和野外湿地的乡土植物对容易引起栽培植物根部腐烂的土壤真菌有很强的抗性。选择乡土植物用于向阳、潮湿的景观地段时，要仔细观察和研究池塘边或沼泽地附近生长的植物。有些在光照好、潮湿条件下生长的乡土植物在苗圃有售。如果你喜欢通常被人们认为是路边杂草的植物的外观，也可以考虑使用它们，如湿地马利筋、锦葵、斑鸠菊和苔草等植物。如果想让这些野花看上去像栽培植物一样，可将其以自然式群植的方式进行配置，并在其间以开阔空间进行分隔，用覆盖物铺成小径或用木板铺成步道，这里就变成一个可爱的小花园了。

乡土植物作为湿地主要植物选定后，可再选择些非乡土植物，作为时令花卉点缀。如杂种美人蕉是温暖潮湿地区常见的观花种类；在冬季较寒冷的地方，用金鸡菊或其他一年生草花与当地的灌木搭配可创造迷人的景色。在光照好的潮湿地也可种植垂柳，但要注意垂柳的根系很繁茂，不能干扰地下管道。

第三节 景观建筑的设计

一、景观建筑的释义

空间或表达意境的建筑,是城市园林绿地系统中的重要组成部分,是一种独具特色的建筑。它既要满足建筑的使用功能要求,又要满足景观的造景要求,是一种与景观环境密切结合,与自然融为一体的建筑类型,也是市民开展文化、娱乐与体育等多种活动的公共场所,对城市的精神文明、环境保护、社会生活起着重要作用。

二、景观建筑设计原则

(一)讲究体量的原则

景观建筑作为景观之陪衬,力求精巧,应仔细推敲景观建筑的比例和尺度,不可失去分寸,喧宾夺主。恰当的尺度应和功能、审美的要求相一致,并和环境相协调。

1. 注意功能要求

不同的景观建筑其功能也不相同,因此在设计时需要注意它们的尺寸。例如景观中的栏杆、桌椅等如果按正常体量设置,尺寸通常是没有变化的,但如果设置在儿童公园或游乐场,由于是提供给儿童使用,因此设计时要减小其体量。

2. 要注意所处的环境

由于景观空间有大有小,因此设计时需要根据相应的尺度要求进行规划。例如对于一些较大的景观空间如大型集散广场,其照明灯具就应该选取照明度强烈、造型较大的灯具,从而取得较好的照明效果。而对一些较小的景观空间,如小庭院的灯具,就应该选取一些小巧、美观的庭园灯、草坪灯。①

3. 重营造气氛

景观建筑主要是为人们提供观景、休憩、休闲的场所,空间环境的不同组景内容应根据主题进行设计,且尺度必须亲切宜人。

(二)讲究特色

景观建筑在设计时需要根据主题设计格调,不能程式化。②当今,工业化越来越发达,生产出了许多景观建筑小品的成品,如园灯、园椅等。但设计师如果在设计时不根据主题使用,巧妙构思,那么就会出现千篇一律、没有特色的景观建筑。

(三)讲究色彩与质感

景观建筑设计需要处理建筑物的色彩与质感,只有较好的贴切所要表现的主体,才能使景观空间具有较强的艺术感染力。

对于景观建筑来说,其风格特征是由"形"和"色"决定的。如在我国古典建筑中,南方建筑风格体态相对于北方来说要轻盈,色彩也要淡雅;北方建筑风格造型要浑厚些,色泽也要华丽些。如今,随着时代的发展,科技的进步,建筑风格不再有所局限,而是呈现出多种形态的发展。因此,对于景观建筑设计也更加专业化。

色彩具有不同的联想象征,如红色给人热情的感觉,绿色给人自然的感觉。质感表现在景观建筑物外形的肌理和质地上。肌理各式各样,如曲直、深浅;质地则又有粗细、刚柔等。色彩与

---

① 景观建筑的体量除了要推敲建筑本身各组成部分的尺寸和相互关系外,还要考虑空间环境中其他要素如景石、池沼、树木等的影响。室外空间大小也要处理得当,太空旷或闭塞都不得体。

② 20世纪六七十年代,北京人民大会堂前采用玉兰灯具,彰显堂皇华丽、典雅大方之风。没过多久,其他大型建筑、各类园林绿地、大小型广场,甚至街道,也不论在北方还是南方,不分环境场合纷纷效仿,到处都是玉兰灯,泛滥至极。

质感是建筑材料表现上的双重属性,在设计时要根据主题进行选用,并在此基础上去组织节奏、对比、和谐、韵律、层次等各种构图变化,从而获得艺术化效果。

三、中国园林景观建筑个体设计

(一)亭

亭是供游人休憩、赏景的园林建筑,它的类型和设计要点如表 3-1 所示。

表 3-1　亭的类型及设计要点

分类方式	类型		设计要点
平面	正多边形		常见多为三、四、五、六、八角形亭。平面长阔比为1:1。面阔一般为 3 ~ 4m
	长方形		平面长阔比多接近黄金分割比,即 1:1.6
	半亭		一面为墙,一面为亭
	其他形态亭		睡莲形、扇形、十字形、圆形、梅花形、组合形(如双亭)等
立面	正方形		具有端正、浑厚、稳重、敦实的观感
	长方形		具有素雅、大方、轻巧、玲珑的观感,具体可分为1:1.618黄金长方形、1:1.414长方形、1:1.732长方形、1:2长方形(多为重檐亭)
亭顶	中国古典园林(如图3-65)	攒尖顶　角攒	平面为正多边形亭的主要屋顶形式,宜于表达向上、高峻、收聚交汇的意境
		攒尖顶　圆攒	平面为圆形亭的主要屋顶形式,具有向上之中兼有灵活、轻巧之感
		歇山顶	立面呈水平长方形亭的主要屋顶形式,宜于表现强化水平趋势的环境
		卷棚顶	多表现为卷棚歇山的形式,是水平长方形亭的主要屋顶形式,宜用于表现平远的气势
		盝顶	多用于井亭
		重檐顶	形式多样,多用于立面高宽比不小于 2 的亭子

分类方式	类型		设计要点			
	现代亭（图3-66）	平板亭	多用钢筋混凝土形成水平的亭顶板，经找坡后向四周汇水或中间汇水（多用于伞板亭）			
		类拱亭	以拱形结构形成多种形式的亭子			
		折板亭	亭顶板呈折板形，可以较薄的板厚组合成韵律状的顶板覆盖较大的空间			
		其他形	如用充气薄膜为亭顶或用帆布覆盖而成的亭顶			
地方风格			风格特点	亭顶	木作	装修	墙面栏杆色调
	南方亭		朴素、淡雅、开敞、通透、尺度小巧。与环境协调	灰色筒瓦、小青瓦	栗壳色、清漆本色	多位棕褐色、黑色	白、灰色宝顶或灰、白粉墙，栏杆色与木作一致
	北方亭		堂皇、富丽、色泽艳丽，与环境对比强烈，尺度均大于南方	多用琉璃瓦，并使用纯高度的黄、蓝、橙色	红棕色、朱赤色、使用鲜艳的原色或间色	红、黄、绿、金色，并有彩画	墙面、栏杆为砖、石本色
材料类型	自然材料		如木、竹、石、茅草等			
	轻钢		以轻钢为主要结构构件，如上海松江方塔园的大门和亭子			
	钢筋混凝土亭		可塑造出形式各异的景观亭			
	特种材料		如玻璃钢、薄壳充气软结构，帆布等			
	混合材料		如竹与木组合、混凝土与轻钢组合、木与钢件组合、钢与软结构组合等			

图 3-65　中国传统亭

图 3-66　现代亭

（二）廊

廊是园林内一种狭长的通道，它能随地形地势蜿蜒起伏，其平面亦可屈曲多变没有固定形制，在造园时常起到分隔园景、增加层次、调节疏密等作用。

廊的类型如表 3-2 所示。

表 3-2　廊的类型

	双面空廊	暖廊	复廊	单支柱廊
按廊的横剖面形式划分				
	单面空廊		双层廊	
	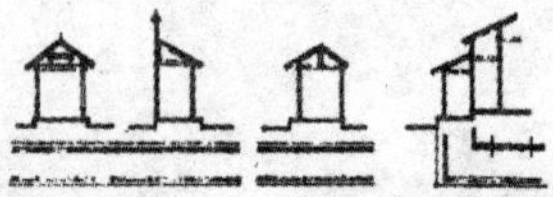			
按回廊整体造型划分	直廊	曲廊	抄手廊	回廊
	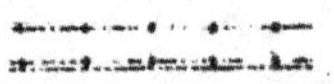	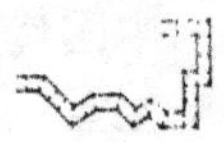	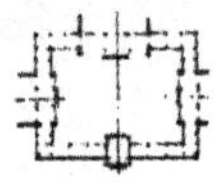	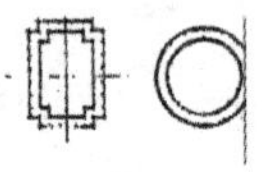
	爬山廊	叠落廊	桥廊	水廊
	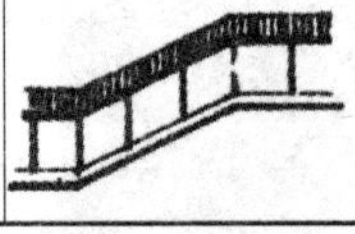		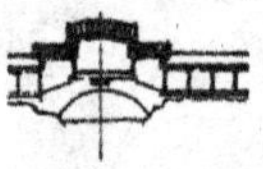	

（三）榭

榭是指建在台上的敞屋,这种建筑凭借周围景色而构成。后来很多榭多建在水边,又叫做"水榭"。这种公园建筑形式,在江南公园中特别多,它建置于水边,建筑基部一半在水中,一半在池岸,跨水部分常做成石梁柱结构,临水立面开敞,设有栏杆,屋顶多为歇山回顶式。如拙政园的芙蓉榭、北京中山公园的水榭、紫竹院公园内的水榭等。榭的类型如表 3-3 所示。

表 3-3　榭的类型

类型	图
以实心土台作为挑台的基座	

续表

类型	图
以梁柱结构作为挑台的基座，平台的一半挑出水面，另一半坐落在湖岸上	
在实心土台的基座上，伸出挑梁作为平台的支撑	
整个建筑及平台均坐落在水中的柱梁结构基座上	
以柱梁结构作为挑台的基座，在岸边以实心土台作榭的基座	

四、景观建筑庭院设计实例

如图 3-67 所示,设计呈现的是新古典主义形式,凸显典雅大气的气质,花园的设计首先突出建筑主要性格特征,同时体现简约、明快及温馨的庭院生活氛围,花园的风格与建筑形式之间形成统一感。

图 3-67

花园用大面积的草坪作为室外景观,考虑了室内外之间的相互对应关系,保证了整体大气、简约的设计风格在室内外之间的衔接与过渡;在视线上大面积的草坪为室外空间提供了欣赏建筑本身的场地空间,并保证厚重的建筑形式不至于对人产生压抑感,设计充分地考虑了场地空间中建筑与庭院的视线关系。花园内边界空间造型采用圆形作为主题元素,通过这种手法与建筑的风格相协调,增强总体环境的统一感,并通过不同的装饰材质来围合不同的空间区域,这样在视觉上给人以富于变化的统一感,同时也丰富了花园空间的总体层次。

（一）入户区大理石铺装的开阔空间

庭院主体建筑由大理石装饰的围墙构成,植物与建筑之间形成了良好的对应关系,统一感强,突出了典雅大气的气势。围墙与门前铺地绿化成为地面与前面之间的过渡,软化了大面积石材形成的压抑感,造型优雅的大树点缀在大门旁,成为进入私家空间的标志;经过精心修剪的灌木与围墙之间形成了柔和的色彩对应关系,使视觉空间的过渡变得自然而亲切。

（二）亲密的对应关系

野趣池塘边上的圆形木质地台与太阳伞下的休闲座椅之间构成的休闲之处与花园之间形成了亲密的对应关系。这种对应关系,增强了呼应的美感,是造园空间设计中常用的手法(图3-69)。

图 3-68

图 3-69

（三）巧妙的材质过渡

利用石材作为花池的边界与草坪空间之间形成了良好的分割关系,花池与草皮之间的过渡采用低矮的草本植物作为装饰弱化了过渡之间的生硬之感。颇具有"苔痕上阶绿,草色入帘青"的情趣,砖红的结构与碧绿色调搭配极为入眼,田园感充满了园子的每个角落。

图 3-70

第四节　重要空间的改善

一、重要空间改善的意义及要点

常用的户外空间包括入口、平台和游人常走的步道,对这些空间的条件进行改善,使其更具吸引力且更加实用是具有高回报的良好投资,也使人能更愉快地在庭园中度过休闲时光。

这些空间的景观工程从逻辑上讲,要与住宅的新旧和风格相协调,也要与邻居的庭院特点相互协调。特别是在房子前面,既要创造一个迷人的步道和入口种植区,又不能与左邻右舍的种植风格大相径庭。由于后院通常更具私密性,倒可在这种空间随心所欲地表现你的情趣和爱好。

准备实施入口和户外活动区域的工程时,要记住这些空间的基本用途是要符合人的活动需要。步道尽可能宽一些;设置的花坛要不妨碍你的家人、客人和宠物的活动。增加照明会使户外空间更好利用和更加安全。选择的植物最好不需经常养护管理,且仍能保持庭园的漂亮和整洁。

二、道路照明的改善实例

户外路灯的安装可使晚上散步更安全。而且由于大多数人白天工作，户外照明可使业主回到家后，大大增加户外活动的机会（图3-71）。

为了使户外工作空间有强烈的光线，可在屋檐下安装一个泛光灯。前门相对明亮的光照给人一种安全感，但柔和的灯光用于台阶、步道和特殊的景点则有非常好的效果。小型、柔和的灯可以用灌木或周边的石景适当隐蔽，这样安置可以避免灯光直射，许多专为家庭服务的供货店可提供多种易于安装的庭园灯。

图3-71

虽然可安装太阳能灯，但大多数户外灯仍靠与屋内供电系统相连而起作用。安装平台和台阶的路灯，电线通常与室内现有的电路连接但为整个景观和水池安装复杂的灯光系统时，可能需要单设电路和保险丝盒。

（一）步道照明的改造步骤

平台的台阶可用低电压的平台灯照明，平台灯与支撑台阶的柱子平齐。一组成套配件包括电源组、电缆和6个或更多的7瓦灯泡，这些灯泡较耐用，能抵御恶劣天气，比60瓦的家用照明灯省电。在开始安装前，先学习和了解一些灯具用品的使用指南。

如果没有户外接地的电源插座提供安装平台灯的电源,最好请个有执照的电工安装,以免出差错。

(1)如图3-72所示,准备好合适的用品箱;测量最近的户外电源插座至平台灯安装点的电缆长度。计算出想要安装的灯泡数。

(2)按使用说明将电缆线接在电源组上,接头处拧紧(图3-73)。

图3-72

图3-73

(3)将电源组挂在距接地电源插座2英尺(约0.3m)、离地面1英尺(约0.3m)以上的墙上(图3-74)。

(4)沿装灯线路将电缆有些松垂地伸展开,保证电源组与安装的第一个灯之间相距10英尺(约3m)(图3-75)。

图3-74

图3-75

（5）按制造商的灯具安装指南，将电线连在柱顶或用螺丝钳安装在固定装置的基部，装上灯泡（图3-76）。

（6）用铅笔标记上螺丝的位置，并用电钻钻孔。按需要的位置将灯安在螺丝基部；迅速打开灯罩（图3-77）。

图3-76　　　　　　　　图3-77

（7）按安装指南，将电缆线与灯连接，插上插头，接通电源并打开，检查所有灯光是否合适（图3-78）。

（8）用U形钉将电缆线固定在平台下侧，勿用锤子击电缆或用U形钉压紧电缆，覆盖好电源组（图3-79）。

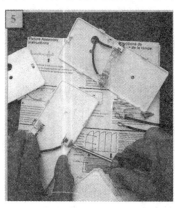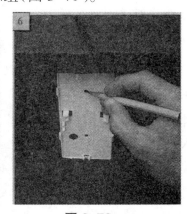

图3-78　　　　　　　　图3-79

即使雇用电工安装户外庭园灯的新线路，自己先挖好埋地下电缆的电缆沟仍是合算的。地下电缆用塑料覆盖可防潮，并要保证不被铁铲划伤。地沟深4英寸（约10cm），用不易腐烂、不易弯曲的材料如玻璃纤维、PVC管或旧的庭园用软管覆盖电缆,然后填土。而且要在庭园基础规划图上,标记新电缆线的位置,以免被挖。

(二)步道照明的备选方案

1. 向下照射

灯光透过树冠向下照射产生投影,用上部光源时,如果在树上、建筑物或柱子上安装几种不同规格的灯光,可取得更好的灯光效果以及更有情趣、富于变幻的投影。光线向下直射,可产生强光环,但射向某点时,形成长长的、更神奇的椭圆形光斑。向下用光时,不要用单个高功率的聚光灯,因为这很容易形成耀眼的灯光,与很暗的阴影形成的强烈对比,使人们很难行走。

为了找到庭园中最好的向下用光的方案,可借助梯子,用商店购买的灯(或家用灯)和绳做不同的装配试验。当计划实施后,很快会发现庭园景观给人一种意想不到的、前所未有的全新感觉。

2. 向上照射

灯安装在地面或靠近地面,将光线集中到景观的趣味中心,可增加景观的戏剧性变化。灯光可用来强调平台、石径、庭园装饰或雕塑的外形轮廓;向上照射也是表现冬季落叶树轮廓的极好方式。向上照射的灯光环绕着院子,反射到墙上和栅栏上,似乎给人一种景观范围扩大的感觉。

要设计好需要的灯数,勿过多或过少,要恰到好处。例如,照射雕塑的彩灯,由于光的反射,仅需低功率的灯即可;照射黑暗的区域,如水景园,最好在岸边石头和植物中安装几盏灯,这会使水面像一面黑色的镜子,呈现出迷人的夜景。

户外娱乐时可增加些照明,闪烁的灯光或烛光会产生一种有趣的光影——但要注意的是,不要把灯或蜡烛放在易燃物附近。为了让客人沿着花园小径散步,可用传统圣诞灯照明——在装满砂的纸袋中点燃蜡烛。

三、门前庭院的改善实例

漂亮的植物围合住宅前门是欢迎的象征,这种通常给人一种热情感觉。门前花坛最常用的处理方式是用"漏斗效果", 即逐渐变窄地接近住宅。同时,设法保持门前平台尽可能宽敞,以便两人能并肩行走。

要设法使门前花坛既丰富多彩,富于情趣,但又不杂乱无章。为了做到这一点——因为花坛的空间一般是有限的——尽量少用几种植物,按高低配植与布局,错落有致。叶质细腻的植物通常比宽叶的好,更适合小空间的种植。

设计门前花坛时,还要注意与住宅的风格相协调。植物布局层次分明,易显得规则;乡村花园风格则比较自然。入口附近可布置些花色丰富、易于养护的一年生盆栽植物或悬垂植物,随着季节变化可不断更换,可以全年欣赏(图 3-80)。

图 3-80 门前庭院的设计

如图 3-81 所示,A.桫椤,1 株,高 20 英尺(约 6m);B.紫茉莉,4 株,高 3 英尺(约 0.9m);C.一串蓝,3 株,高 3 英尺(约 0.9m);D 玫红冰花,9 株,高 6 英寸(约 15cm);E.布落华丽,2 株,高 18 英寸(约 45cm)。

(1)设计并完成入口的硬质地面,保证步道坚实、舒适。地面略倾斜以利排水。

（2）用4英寸（约10cm）厚的腐殖质改良门前花坛床土。如果土壤为黏土，加、英寸厚的砂改善排水状况。为了产生如图所示的种植效果，将翻耕的土层平整为两层，上层高于下层4英寸。也可在两层间砌一排砖固土。

（3）离屋基3英尺（约0.9m）处种植三色桫椤（A），用2英寸（约5cm）厚碎树皮或其他有机覆盖物覆盖树基根区。

（4）在上层土壤边缘附近种植紫茉莉（B），株间距15英寸（约37.5cm）；在种植床入口一侧种植一丛紧密的一串蓝（C），花坛前缘种植玫红冰花（D），株间距16英寸（约40cm），浇透水。

（5）用布落华丽（E）装饰吊篮。这些垂悬植物要放置低一些，以保证光线明亮。既要充分利用空间，又不妨碍出入。

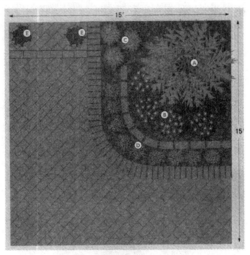

图 3-81

吊篮通常用螺丝固定在房檐的金属钩上。为了调节吊篮高度，在两挂钩间系长度合适的链子。将篮子固定在略高于水平视线的位置，并能清楚地看到其篮底部和两侧，并方便从上部浇水。

四、门前步道的美化实例

要想让人观赏到门前道旁布置的漂亮的花境，可使庭园景观更加丰富,为宅园增值。门前步道种植床中的主要植物最好以不断重复的手法布局,这样可产生一种色彩和质感清晰、连续变化的效果。选择的植物要与房屋色彩和风格相协调,但不要选有浆果、落叶或其他杂物影响步道的植物(图 3-82)。

图 3-82

只要茎刺不干扰行人,种植在步道花境中的月季芬香溢人,还是很受欢迎的。一般说来,不要在种植床中种植太大的乔灌木,以免影响窗户采光和遮挡邻居家的植物。但是,悉心选择一株小乔木作为主景种植,可使入口引人注目。

为了不使步道显得狭窄,可在其另一侧种植些草坪或地被,如平铺圆柏。种植完工前,在花境植物中装灯润色,让步道沐浴在柔和的灯光中,充满温馨和浪漫。

如图 3-83 所示,A. 日本黑松,1 株,高 15 ～ 80 英尺(约 4.5 ～ 24m);B. 牡丹,2 株,高 4 ～ 6 英尺(约 1.2 ～ 1.8m);C. 萱草,3 株,高 2 ～ 3 英尺(约 0.6 ～ 0.9m);D. "仙女"月季,3 株,高 2 ～ 3 英尺(约 0.6 ～ 0.9m);E. "冰山"月季,1 株,高 3 英尺(约

0.9m）；F.蓝鼠尾草，6株，高3英尺（约0.9m）；G.珊瑚钟，4株，高2英尺（约0.6m）。

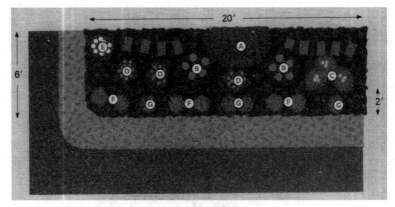

图 3-83

（1）种植日本黑松（A），种植穴略大于土球，保证树冠不遮挡从窗户向外看的视线。

（2）种植牡丹（B）前，用无杂草的堆肥或腐殖质改良种植穴，穴深18英寸（约45cm）。将牡丹种植于肥沃的土壤上，覆土厚度不超过2英寸（约5cm）。

（3）在牡丹右边4英尺（约1.2m）处呈种植萱草（C）三角形排列。在这些植物后面铺踏步石，便于接近植物进行养护管理。

（4）在步石前左边种植两株"仙女"月季（D），在日本黑松前再种一株。在左边更远的位置，如图种植"冰山"月季（E）。在"冰山"右边和"仙女"后面同样铺上踏步石。月季种植穴均为38英寸（约45cm）深，用1份袋装腐殖质加3份园土混合改良种植穴土壤。月季种植时，要让根系充分舒展，覆土3英寸（约7.5cm）后，灌足水，然后完成全部填土工作。

（5）在种植床前翻挖一条狭长的种植带，用4英寸（约10cm）厚的堆肥、泥炭藓和腐熟的有机肥改良其土壤质地；平整土地，以使种植床向步道一边倾斜。将蓝鼠尾草（F）和珊瑚钟（G）交错重复地种植。浇足水并加以覆盖。

　　需要注意的是,为飞保持床土湿润,床面整洁,可用覆盖物覆盖株间地面。边缘用石头、砖块或景观木材定界花境,用宽的石块或做一个略高于床面的镶边,使覆盖物不弄脏步道。

第四章 生态理念的景观造型设计工程与技术

景观作为一种人居境域,不仅是人类视觉美学欣赏的载体,也是良好生态环境的载体,更是人类文化和行为的载体,是美学与艺术、生态与环境、社会与文化的综合载体。而景观工程则是为了实现这一综合载体而对各类景观资源保护与利用的基础上,经由景观策划、景观规划、景观设计等规划设计手段,景观建造等工程手段的技术流程。本章对于生态理念的景观造型设计工程与技术,主要从两个方面论述:景观铺装工程与技术,以及景观给水排水工程与技术。

第一节 景观铺装工程与技术

一、景观铺装工程的功能与作用

景观铺装工程的功能与作用体现在以下几个方面,具体见表4-1。

表4-1 景观铺装工程的功能与作用

主要功能	具体特性
使用功能	铺装场地的硬质性决定了其高频率的使用功能,游人休憩、停留及主要活动均发生在铺装场地之中。当铺装地面相对较大,并且无方向性的形式出现时,它会暗示着一个静态停留感,成为景观中的交汇中心和休憩场所
导游功能	通过引导视线将行人或车辆吸引在一定的"轨道"上,提供方向性,起到引导的作用

主要功能	具体特性
暗示功能	通过铺装来暗示游览的速度和节奏，以不同的线形来影响游览的情绪
确定用途	铺装的不同材料、色彩、质地、组合等会区别出不同空间的不同功能
影响空间的比例	铺装材料的大小、铺砌形状的大小和间距、色彩、质地等都会影响一个空间的视觉形象
统一与背景功能	铺装材料可充当与其他设计要素进行空间联系的公共要素。共同的铺装可将不同的景观要素连接为一个和谐的整体，而当其具有明显或独特的形状或特征，易被人识别与记忆时，会起到较好的统一作用。由简单朴素的材料、无醒目的图案、无粗糙的质地或任何其他引人注目的特点组成的铺装场地可以作为建筑、雕塑、植物等景观的中性背景
构成空间个性	铺装场地的材料、色彩、质地、图案等会决定一个空间的个性，如细腻、粗犷、宁静、喧闹等不同感受的空间个性
创造视觉趣味	铺装场地可以和其他功能一起来创造一个空间的视觉趣味，其图案不仅能供观赏，而且能形成强烈的地方色彩

二、景观铺装工程设计的原则

（一）统一原则

铺装材料应以统一设计为原则，以一种铺装材料作为主导，以便能与其他辅助材料和补充材料或点缀材料在视觉上形成对比和变化，以及暗示地面上的其他用途。也可以同一材料贯穿于整个设计的不同区域，建立统一性和多样性。

（二）协调原则

铺装场地在构成吸引视线的形式的同时，要与其他景观要素如邻近的铺地材料、建筑物、种植池、照明设施、雨水口、座椅等相互协调，同时应与建筑物的边缘线、轮廓线、轴线、门窗等相互呼应与协调。

（三）透视原则

由于铺装场地总是处在游人的俯瞰之下，因此，在铺装场地设计中应从透视中去选择铺装形式，而非仅仅在平面中进行设计，这样设计才能与建成效果相吻合。

（四）过渡原则

相邻的铺装场地应相互衔接为一个整体，需要适当的材料在形式之间形成良好的过渡关系。在同一平面上，如果为两种不同的铺地方式，应该布置一种中性材料于两者之间进行过渡和衔接。另外，两种材料也可以以不同高程之间的平面相互过渡和衔接。

（五）安全原则

由于光质材料往往易滑，为安全起见，景观铺装场地应多采用粗质材料，在提高安全性的同时，粗质材料由于其色彩较为朴素，不引人注目，经使用后，也易于与其他景观要素相协调。

三、景观铺装的不同结构与做法

从结构与做法上讲，景观道路与场地从下到上均可分为基层（垫层与结构层）、结合层与面层三个层次，但不同材料又具有不同的结构与构造做法，以下为景观道路和铺装场地常用铺装材料的参考做法。

（一）沥青路面和场地

沥青路面成本低，施工简单，延展性好，可不设膨胀缝和伸缩缝，常用于车行道、人行道、停车场等路面的铺装，具体可分为普通沥青、透水性沥青与色彩沥青等，如图 4-1 所示。

图 4-1　沥青路面

透水性沥青路面一般为面层采用透水性沥青混凝土,不设底涂层。如果路基透水性差,可在基层下铺设 50 ~ 100mm 厚的砂质过滤层。

彩色沥青路面一般可分为两种:一种为加色沥青路面,一般采用厚度约 2cm 的加涂沥青混凝土液化面层;另外还会采用脱色方法,即将沥青脱色至浅驼色的脱色沥青路面。另一种为混凝土路面和场地,此类路面因其造价低、施工性好,是园路与各类景观场地最常用的基层材料。其表面处理除可以直接抹平、拉道、拉毛外,也可采用水磨、仿石压花、水洗小砾石、干黏石等面层处理,还可采用由混凝土制成的道砖、预制板材等进行表面铺贴,同时还可将砖、花砖、地砖、天然石材、合成树脂等作为面层材料。

由于混凝土在凝固后具有较强的刚性,缺乏延展性,故当基层采用混凝土材料时,需设置变形缝。变形缝一般按以下标准设置,伸缩缝的纵横间距为 5 ~ 6m,膨胀缝的纵横间距为 20m 左右。伸缩缝也称假缝,缝宽 6 ~ 10mm,深度仅切割 40 ~ 60mm 或约为板厚的 1/3,不贯通到底,主要起收缩作用。膨胀缝也称真缝,缝宽 18 ~ 25mm,贯通整个板厚,是适应混凝土路面板伸胀变形的预留缝(图 4-2、图 4-3)。

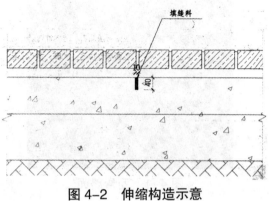

图 4-2　伸缩构造示意

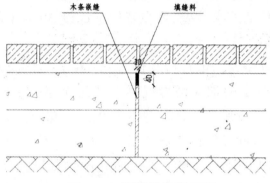

图 4-3　膨胀缝构造示意

（二）混凝土路面和场地

下面为混凝土路面不同面层处理的具体构造做法及设计要点。

1. 混凝土直接处理

抹平、拉道、拉毛，可制作不同图案的专用工具进行直接处理（图 4-4）。

2. 水磨处理

可选用不同颜色的砂石，以玻璃或铜条进行分仓现浇（图 4-5）。

图 4-4 混凝土表面直接压花

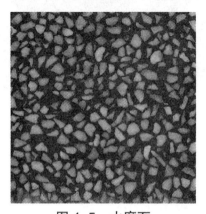

图 4-5 水磨石

3. 仿石压花

以专用模具将彩色混凝土处理为不同图案的仿石路面形式（图 4-6）。

图 4-6 混凝土仿石压花

4. 水洗小砾石与干黏石

水洗小砾石路面的做法一般为待浇筑混凝土凝固到一定程度（24～48h）后，用刷子将表面刷光，再用水冲刷，直至其中的砾石均匀露明。可利用不同粒径和品种的砾石，形成多种水洗小砾石路面（图4-7）。

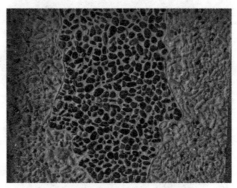

图4-7 水洗小砾石路面

干黏石路面的做法一般为待混凝土浇筑后，在其表面或在结合层表面，根据铺装形式撒上粒径基本相同的不同颜色的石子，并压实，从而形成一定的铺装图案。与水洗小砾石路面相比，该路面的耐久性相对较差（图4-8）。

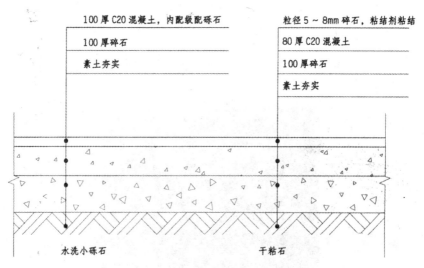

图4-8 水洗小砾石与干黏石构造示意

5. 道砖

此种路面因具有防滑、步行舒适、施工简单、修整容易、价格低廉、颜色朴素等优点常被用作人行道、广场、车行道等多种场所的路面面材。

当有车辆通行时,道砖一般为 80mm 厚,不具备通车功能时,一般为 60mm 厚。道砖的结合层多为粗砂,其下可铺设透水层,以确保路面的平整度。为防止出现板结现象,结合层一般不用配比水泥砂浆,为增加稳定性,可采用一定配比的干性水泥砂浆或掺入 10% 左右水泥的粗砂,同时扫缝也最好使用掺入 10% 左右水泥的粗砂(图 4-9)。

图 4-9　道砖

6. 混凝土预制板材

以混凝土预制的各类板材如水洗平板、彩色平板等以其造价低廉、施工方便、易修整等优点常用于人行道和各类景观场地的铺装。该类板材一般厚度为 40 ~ 50mm(图 4-10)。

7. 砖砌路面

此类路面所用砖材除了普通黏土砖外,还有混凝土砌块砖、陶瓷砖、耐火砖等。砖砌路面具有易配色、坚固、反光较小等优点,常用于人行道、广场的地面铺装。砖砌路面常用的铺砌方法有平砌法和竖砌法两种,而铺砌的接缝也有多种,如垂直贯通缝、弓形缝、席缝等。地面勾缝采用砂土或砂浆填缝,地缝宽度一般为

10mm 左右（图 4-11）。

图 4-10　混凝土预制板材

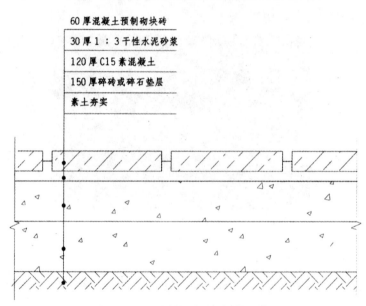

图 4-11　砖砌路面构造示意

8. 釉面砖（广场砖）路面

釉面砖（广场砖）路面色彩丰富，容易塑造出各种式样与造型的景观空间，常用于公共设施入口、广场、人行道、大型购物中心等场所的地面铺装。目前常用的多为长宽为 100mm×100mm 的防滑釉面砖（广场砖）（图 4-12）。

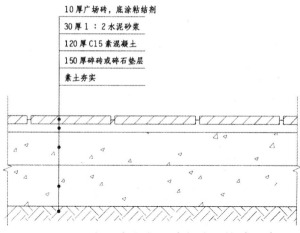

图4-12　釉面砖（广场砖）路面构造示意

9. 小料石路面

花岗石小料石路面由于其具有饰面粗糙、接缝深、防滑效果好等优点,是步行道路和场地的常用铺装材料,通常的尺寸为100mm×100mm×（60～100）mm。为防止出现板结现象,该类路面的结合层一般不用配比水泥砂浆,为增加稳定性,同道砖做法相同,可采用一定配比的干性水泥砂浆或掺入10%左右水泥的粗砂,同时扫缝也最好使用掺入10%左右水泥的粗砂（图4-13）。

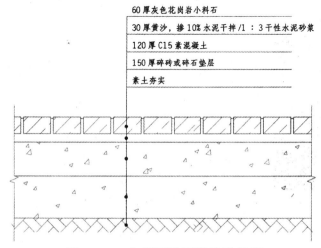

图4-13　小料石路面的构造示意

10.料石路面

所谓的料石路面,指的是由加工成型的 15 ~ 60mm 厚的天然石材形成的路面,利用天然石材不同的材质、颜色、石料饰面及铺砌方法等可组合出多种形式,常用于建筑物入口、广场等处的路面铺装。室外料石铺装路面常用的天然石料首推花岗石,其次为石英石,也可使用石灰石、砂石等材料。

料石路面的铺砌方法可分为无缝铺砌和有缝铺砌两种,后者一般接缝间距为 10mm 左右,可用硅胶等进行填缝。

景观道路和场地一般选用的石料规格不一,成品的石材规格通常为 300mm × 300mm,300mm × 600mm 或 600mm × 600mm 等符合模数的尺寸,厚度一般为 20 ~ 40mm,如通行车辆,厚度需要加厚为 60mm,或者减小石材的规格尺寸,以免车辆通行后造成路面的破坏(图 4-14)。

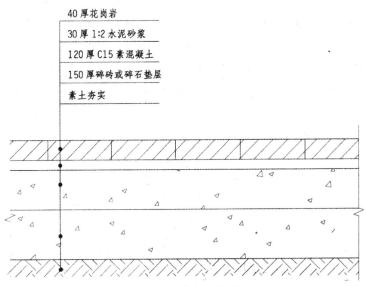

图 4-14 料石路面构造示意

料石路面的饰面具有多种形式,具体见表 4-2。

表4-2　料石路面的饰面形式和方法

形式	方法
拉道饰面	一种将石料表面加工成起伏较大的条纹状的加工方法
粗琢饰面	一种将石料表面加工成深条纹状、增加起伏的饰面方法
锯齿饰面	一般用于软岩饰面，即将石面加工成锯齿样
凿面饰面	以石凿对石料进行表面加工
花锤饰面	对经过凿面加工的石料，再以花锤进行平整处理
细凿饰面	即对花锤饰面的石料再做进一步细凿，使表面更加光滑的加工处理
喷灯饰面	以喷灯加热粗磨面，然后迅速浇以冷水冷却，进行粗加工的方法
烧毛饰面	以乙炔喷灯对磨光的石面进行烧毛处理
水磨饰面	以金刚石砂轮打磨加工表面的方法，但表面不会像镜面一样光滑反光
细磨饰面	经金刚石砂轮打磨后，加抛光粉，利用抛光轮缓冲器抛光加工。完成后，表面像镜子一样光亮，又叫作抛光加工

11. 卵石嵌砌路面

卵石作为一种搭配材料常用于园路和景观场地之中,结合层厚度视卵石的粒径大小而异。在园路和场地中,为安全起见,卵石由于其较差的防滑性,一般不作为主导材料,而常作为辅助材料或点缀材料进行使用(图 4-15)。

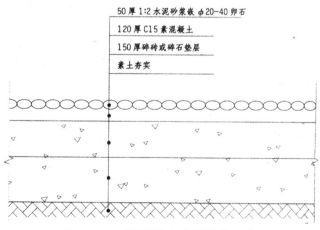

图 4-15　卵石嵌砌路面构造示意

12. 木板路面

天然木材由于其质感、色调、弹性等自然特性,常用于露台、广场、人行道等地面的铺装。景观道路和场地选用的木板多为防腐木,由于价格等原因,较少采用不需进行防腐处理的油性木材。

木板路面的厚度和龙骨距离一般根据场地的荷载要求、木材的品种与等级而定,通常板厚应大于 30mm。龙骨可采用防腐木或铝合金等材料。

木板路面通常为有缝铺砌,缝宽 6 ~ 10mm,且基础底层应做一定的排水坡度,防止雨水滞留(图 4-16)。

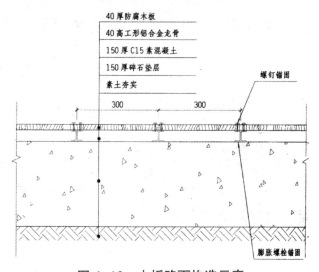

图 4-16　木板路面构造示意

13. 透水性草皮路面

透水性草皮路面有两类:使用草皮保护垫的路面和使用草皮砌块的路面(图 4-17)。

草皮保护垫,是由一种保护草皮生长发育的高密度聚乙烯制成的耐压性及耐候性强的开孔垫网。因可以保护草皮免受行人践踏,除公园等处的草坪广场外,此类路面还常用于停车场等场所。

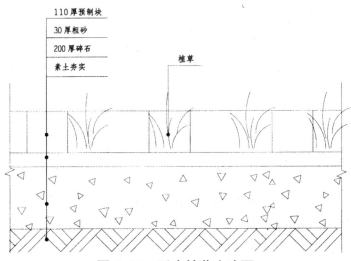

图 4-17 透水性草皮路面

草皮砌块路面是在混凝土预制块或砖砌块的孔穴或接缝中栽培草皮,使草皮免受人、车踏压的路面铺装,一般用于广场、停车场等场所。

（三）铺石路面和场地

所谓的铺石路面是指,以厚度在 60mm 以上的花岗岩等天然石料砌筑的路面。铺石路面质感好,颜色朴素、沉稳,常用于园路、广场的地面铺装。作为汀步使用时需注意铺石间距应符合游人步行的步距(图 4-18 和图 4-19)。

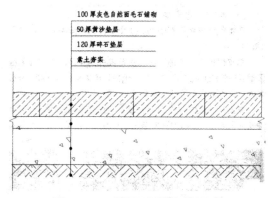

图 4-18 铺石路面构造示意

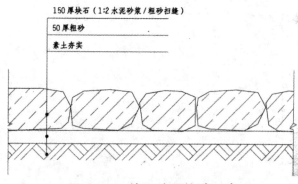

图 4-19　块石路面构造示意

（四）砂石路面、碎石路面

砂石和碎石自然、朴素、造价低，常用于景观庭院空间、游步道的铺装。当道路纵向坡度在 3% 以上时，需设置阻挡设施，以减少砾石、碎石流失造成的危险（图 4-20）。

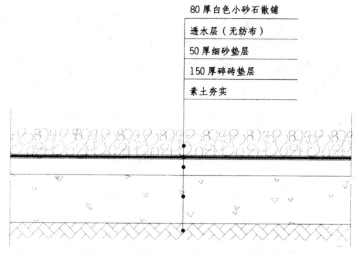

图 4-20　砂石、碎石路面构造示意

（五）土路面

土路面可分为石灰岩土路面、砂土路面、黏土路面和改良土路面等多种形式。

石灰岩土路面,以粒径在 2 ~ 3mm 以下的石灰岩粉铺成,除弹性强、透水性好外,还具有耐磨、防止土壤流失的优点,是一种柔性铺装。一般用于校园、公园广场和园路的铺筑。

砂土路面,是一种以黏土质砂土铺筑的柔性铺装,主要可用于儿童游乐场等处。

黏土路面,是一种用于操场、网球场的柔性铺装,较适合排水良好的地段。

改良土路面,是在自然土壤中加入专用水性丙烯酰类的聚合乳胶、沥青及石子等添加料混合搅拌后而形成的简易改良土路面,常用于铺筑游乐园人行道、园路、广场、校园等处。

（六）现浇无缝环氧沥青塑料路面与弹性橡胶路面

1. 现浇无缝环氧沥青塑料路面

现浇无缝环氧沥青塑料路面,是将天然河砂、砂石等填充料与特殊的环氧树脂等合成树脂混合后做面层,浇筑在沥青路面或混凝土路面上,抹光至 10mm 厚的路面,是一种平滑的兼具天然石纹样和色调的路面。一般用于园路、广场、操场、人行过街桥等路面的铺装（图 4-21 ）。

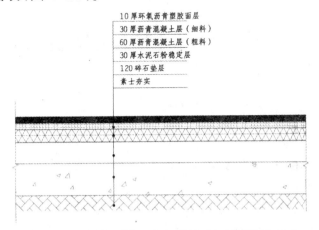

图 4-21　现浇无缝环氧沥青塑料路面构造示意

2.弹性橡胶路面

弹性橡胶路面是利用特殊的黏合剂将橡胶垫黏合在基础材料上,制成橡胶地板,再铺设在沥青路面、混凝土路面上的路面形式。此种路面耐久性、耐磨性强,有弹性,且安全、吸声。常用于儿童游戏场、运动场地等处。厚度一般为 15 ~ 50mm,一般运动场厚度采用 12 ~ 25mm,儿童游戏场建议厚度采用 30mm 以上(图 4-22)。

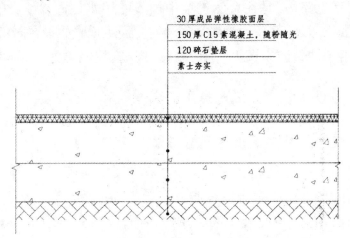

图 4-22　弹性橡胶路面构造示意

第二节　景观给水排水工程与技术

一、景观给水工程与技术

(一)景观给水工程的组成

从工艺流程看,景观给水工程一般由取水工程、净水工程和输配水工程三部分组成。

1. 取水工程

取水工程是指从天然水源中取水的一种工程,其质量和数量取决于取水区域的水文地质状况。

2. 净水工程

净水工程是指为了达到景观用水的要求,而将天然水源经过物理、化学等方法处理净化的工程。

3. 输配水工程

输配水工程是指通过输配水管网将经过净化的水输送到各用水点的工程。

(二)景观给水的类型、特点与预测

1. 景观给水的类型

景观用水从类型上可分为如下几类。

生活用水。指景观区域内游人、居民和内部管理人员的生活用水,如公园内的茶室、厕所、小卖部、后勤等的用水,风景区内为接待游人的餐饮设施与住宿设施的生活用水、常住居民的生活用水、为内部管理人员提供的食堂、浴室、住宿等设施的生活用水等。

生产用水。指景观区域内为维持日常运作的养护和其他类生产的用水,如植物的浇灌用水、道路和场地等的冲洗用水、部分生产设施和基础设施的生产用水等。

造景用水。指景观区域内诸如溪流、湖泊、喷泉、跌水等造景需求的用水。

游乐用水。指景观区域内的诸如戏水池、滑水池、游泳池等水上游乐项目所需的用水,一般具有用水量大、水质要求高、换水周转快的特点。

消防用水。指景观区域内为防治火灾而准备的水源,如消防栓、消防火池、消防水箱等。

2. 景观给水的特点

景观用水与居住用水、工业用水等不同,在用水类型与规律、给水设施布置等方面具有如下几方面的特点。

(1)用水类型特别

景观用水最显著的特征便是生活用水较少,其他用水较多。在各类景观用水中,主要用水一般多为植物浇灌等生产用水和造景补充用水,同时在比例上消防和游乐用水也相对生活用水为多。

(2)用水点相对分散

景观区域一般由于设施的均布性要求决定各用水点的布局相对分散,尤其是浇灌或喷灌点更是分散布局,从而决定给水管网的密度较低,但长度却较长。而在一些风景区内,由于地形、植被等自然要素的阻隔,各设施点分布更为分散,往往需要进行分区分片供水。

(3)用水点水量变化较大

由于景观用水类型较多,用水点相对分散,不同用水点的水量变化较大,如生活用水和浇灌用水及游乐用水在水量上便相差悬殊,从而导致给水管网在主次支不同级别的管网在管径上也较为悬殊。

(4)用水高峰相对较易调节

景观区域中的生活、生产、造景、游乐等用水在利用时间上相对居住、工业等用水可以自由确定,可以不出现用水高峰,做到用水相对均匀。

(三)景观区域用水量预测

在风景区用水量预测中,生活用水需对游客、常住居民及管理服务人员进行分类统计预测。

在城市中,景观工程的水源往往取自城市给水系统中的自来水。地表水包括河流、湖泊、水库等,地下水可分为潜水和承压水两种。景观工程在进行水源选择时应遵循如下几方面的原则：

（1）生活用水优先选用城市给水系统提供的水源，其次选用地下水，并以泉水、浅层水、深层水为先后顺序。

（2）景观用水和植物浇灌用水优先使用符合地面水质量标准的地表水，无条件时植物浇灌用水可选用地下水或自来水。

（3）风景区内，当必须筑坝蓄水作为水源时，应结合发电、防洪、浇灌、生产等功能综合考虑，统筹安排，复合利用。

（4）在水资源缺乏的区域，应建立雨水收集和中水系统，从而保证水源的供应和水资源的循环利用。

（四）景观给水的方式

根据给水性质和给水系统构成的不同，可将景观给水分成如下三种方式。

1. 引用式

城市景观区域的给水系统一般均直接从城市给水管网系统中进行取水，即直接引用式给水。采用该给水方式，其给水系统的构成比较简单，只需设置景观区内给水管网、储配水设施即可。引水的接入点可视景观区域的具体情况及附近城市给水管网的接入点情况而定，可以集中一点接入，也可以分散由几点接入。

2. 自给式

在野外风景区或郊区的景观区域中，如果没有直接取用城市给水水源的条件，可考虑就近取用地下水或地表水作为水源。以地下水为水源时，因水质一般比较好，往往不需净化处理就可直接使用，其给水工程的构成也相对简单。一般可只设水井（或管井）、泵房或变频水泵、消毒清水池、输配水管道等。如果是采用地表水作水源，其给水系统构成较为复杂，需要布置取水口、取水设施、净化设施、输配水设施等一系列从取水到用水过程中所必需布置的设施。

3.兼用式

在既有城市给水条件,又有地下水、地表水可供采用的地方,可采用兼用式的给水方式,一方面可引用城市给水,作为景观生活用水或游泳池等对水质要求较高的项目的用水水源;同时景观生产用水、造景用水等,则可另设一个以地下水或地表水为水源的独立给水系统。这样做所投入的工程费用稍多一些,但以后的水费却可以大大节约。

另外,在地形高差变化显著的景观区域,需考虑分区给水方式,即根据地形将整个给水系统进行分区分片给水,从而使给水系统更为有效,并节约管道铺设投资。

(五)景观给水的管网布局

对于景观给水系统,其管网布局既要满足备用水点具有足够的水量和水压的技术要求,又要满足管网路线最短、施工方便、投资最少的经济要求,同时还要满足当管网发生故障或进行检修时,仍能保证继续供给一定水量的安全要求。因此,景观给水便需形成主、次、支分级明显的管网系统。一般景观给水管网的布置形式可分为树枝状、环状及平行鱼骨状三种。

1.树枝状管网

树枝状管网是以一条或数条主干管为骨干,从主管上分出配水次管,进而在次管上引出支管连接到备用水点的管网形式。在一定范围内,采用树枝形管网形式的管道总长度比较短,管网建设和用水的经济性也比较好,但如果主干管出现故障,则整个给水系统就可能断水,用水的安全性相对较差(图4-23)。

2.环状管网

环状管网即主干管道在区内布置成一个闭合的环形,再从环形主管上分出配水次管及支管向备用水点进行供水的管网形式。该种管网形式所用管道的总长度较长,耗用管材较多,建设费用也稍高于树枝状管网。但管网的使用方便,主干管上某一点出故障时,其他管段仍能通水,用水安全性较好(图4-24)。

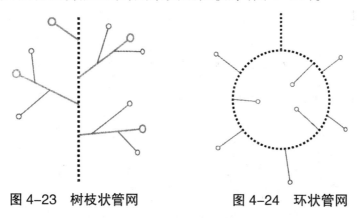

　　图4-23　树枝状管网　　　　　图4-24　环状管网

3. 平行鱼骨状管网

　　平行鱼骨状管网即由多条主干管道平行布局,从主管上分出配水次管连接到备用水点的管网形式,平面形式如同多个平行的鱼骨。该种管网形式适合分区分片供水,管道总长度较短,管网建设和用水的经济性较好,用水安全性也较好,但如与城市给水管网进行连接时需要多个引入点(图4-25)。

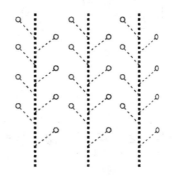

　　图4-25　平行鱼骨状管网

　　在实际工作中,给水管网的布局往往需将上述三种布置方式结合起来进行应用。在用水点密集的区域,采用环形管网;在用水点稀少的局部,采用分支较少的树枝状管网;而在用水量均匀的区域,则采用平行鱼骨状管网。或者,在近期中采用树枝状或平行鱼骨状,而到远期用水点增多时,再改造成环状管网形式。

　　景观给水管网的布置,应根据地形、道路系统布局、主要用水点的位置、用水点所要求的水量与水压、水源位置和其他景观管线工程的综合布置情况,进行合理的安排布局(图 4-26)。

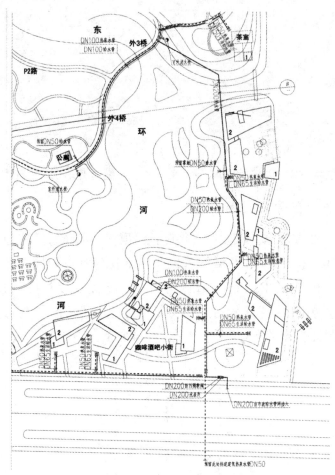

图 4-26　某公司给水平面图

二、景观排水工程与技术

　　在现代城市中,雨洪、暴雨引发的水害,已经成为冲击城市建设的严重自然灾害。城市排水的主要任务,不仅是收集各类污水及时输送至污水处理厂妥善排放或再利用,还有一个十分重要的任务就是管理雨洪,即及时将雨水通过管道、汇水口、侧石和排水沟进行引导和排放。

（一）污水的分类

污水按照来源和性质分为三类：生活污水、工业废水和降水。

1. 生活污水

生活污水指人们在日常生活中所使用过的水，主要包括从住宅、机关、学校以及其他公共建筑和工厂内人们日常生活所排出的水。

2. 工业废水

工业废水指工业生产过程中产生的或使用过的水，来自车间、矿场等地。根据污染程度不同，又分为生产废水和生产污水。

（1）生产废水。指生产过程中水质只受到轻微污染或只是水温升高，不经处理可直接排放的工业废水，如一些机器的冷却水等。园林中只有浇盆花的过滤水和服务设施中中央空调的冷却水等是生产废水。

（2）生产污水。指生产过程中，受到严重污染的水需经处理后方可排放。这类污水在园林中很少，因为在公园及风景区不允许工业生产存在。

3. 降水

降水指在地面上径流的雨水和冰雪融化水，降水的特点是集中、径流量大。降水一般较清洁，但初期的雨水可能含有较多污染物。

（二）排水工程系统的组成

在景观工程中有生活污水排水系统和雨水排水系统。

1. 生活污水排水系统

它的任务是收集景观工程中各类建筑的污水，排出至城市生活污水管道系统或自行处理,包括下面几个方面。

(1)室内污水管道系统和设备。收集建筑室内生活污水并将其排出至室外庭院的污水管道中。

(2)室外污水管道系统。分布在房屋出户管以外,布置在公园中埋在地下靠重力流输送,生活污水经园内污水管道系统,再流向城市管道系统。

在园林中,一般污水管道系统只包括上述的两项,而在风景区还需设置以下部分。

(3)污水泵站及压力管道。污水一般以重力流排除,但在受到地形等条件的限制时需把低处的污水向上提升,需设泵站,并相应地设压力管道。

(4)污水处理与利用建筑。一般是指城市的污水处理厂和风景区的污水处理设施。

(5)出水口。经过处理的污水排入自然水面的出口。

2. 雨水排水系统

景观工程中雨水排水系统主要用来收集径流的雨水,将其排入园林中的水体或城市雨水排水系统。

(1)房屋雨水管道系统和设备。收集房屋的屋面雨水,包括天沟、竖管及房屋周边的雨水沟,如图 4-27 所示。

图 4-27 落水连——将屋顶的雨水收集到排水系统中

（2）公园雨水管渠系统。包括雨水管渠、雨水口、检查井、跌水井等。

（3）出水口。是雨水排入天然水体的出口。

（三）排水工程系统的体制

对生活污水、工业废水和降水所采用的不同的排除方式所形成的排水系统，称为排水体制，又称排水制度。可分为合流制和分流制两类。

1. 合流制排水系统

将生活污水、工业废水和雨水混合在一个管渠内排除的系统，分为以下三种形式。

（1）直排式合流制。管渠系统布置就近坡向水体，分若干排水口，混合的污水不经处理和利用直接排入水体。

（2）截流式合流制。在直排式合流制的基础上，临近水体建造一条截流干管，同时在干管上设溢流井和污水处理厂。晴天和初雨时，所有污水都送至污水处理厂；当雨量增大，混合污水水量超过一定数量后，其超出部分过溢流井并排入水体，见图4-28。

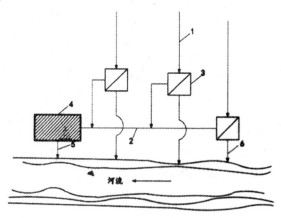

图4-28　截流式合流制水排水系统

（3）全处理合流制。污水、废水、雨水混合汇集，输送到污水厂进行处理后再排放。

2. 分流制排水系统

将生活污水、工业废水和雨水分别在两个或两个以上独立的管渠内排除的系统(图4-29)。又可分为以下几类。雨水花园中的水循环系统见图4-30。

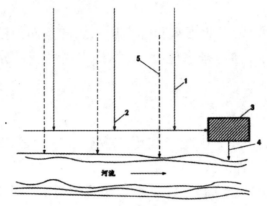

图4-29　分流制排水系统

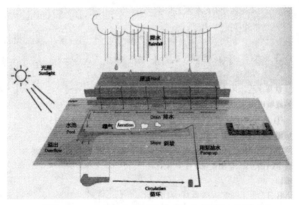

图4-30　雨水花园中的水循环系统

（1）完全分流制。分设污水和雨水两个管渠系统,前者汇集生活污水、部分工业生产污水,经处理后排放和利用,后者汇集雨水和部分工业生产废水,就近排入水体。

（2）不完全分流制。只有污水管道系统而没有完整的雨水排水系统。污水通过污水系统流至污水厂,经过处理利用后排入水体。雨水通过地面、道路边沟和明渠流入天然水体(图4-31)。这种体制必须具备有利的地形和健全的明渠水系。在有水体的公园、风景区中大多采用这种方法（图4-32）。

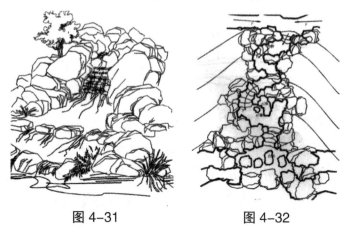

图4-31   图4-32

（3）半分流制（截流式分流制）。既有污水排水系统，又有雨水排水系统。与完全分流制的不同之处在于，它具有初期雨水引入污水管道的特殊设施，称雨水跳越。小雨时，雨水和污水同时排入污水处理厂；大雨时，雨水跳越截流干管经雨水出流干管排入水体。

（四）场地排水方式

1. 场地排水的特点

（1）排水类型以降水为主，仅包含少量生活污水：景区禁止设置工业厂房，所以基本无工业污水。需要把污水组织，利用管道或暗沟排入城市污水管网中，它的布置采取就近的原则，使场地中的污水尽快排入城市的污水管网中。

（2）风景园林中为满足造景需要，地形起伏多变，可通过地面坡度组织分片区排水；或利用地形，就近排入水体，减少管网敷设。

（3）适宜低影响开发（LID）的生态雨洪管理方法，通过植被、软质地面采用雨水的渗透、过滤、储存和蒸发方法，维持场地开发前后的水文平衡。

景观场地排水特点主要是排雨水，也决定其排水方式是以地面排水方式为主,结合沟渠和管道排水。在我国,大部分公园绿地都采用地面排水为主,沟渠和管道排水为辅的综合排水方式。如北京的颐和园、北海公园,广州动物园,杭州动物园,上海复兴岛公园等。复兴岛公园完全采用地面和浅明沟排水,不仅经济实用,便于维修,而且景观自然。

2. 地面排水

利用风景园林中的地形条件,通过竖向设计将谷、洞、沟、道路等加以组合,划分排水区域,并就近排入园林水体或城市雨水干管中。应注意在排水出水口进行各种行种消能处理,形成一种敞口排水槽,称为"水簸箕"。"水簸箕"的槽身加固可采用三合土、浆砌砖石或混凝土(图4-33)。

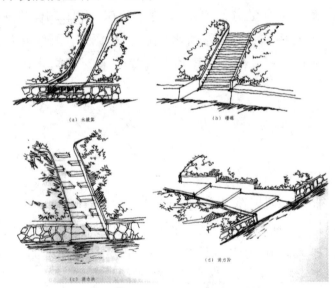

(a) 水簸箕　　(b) 礓磋　　(c) 消力块　　(d) 消力阶

图4-33　出水口的排水处理

地面排水的方式可以归结为五个字,即截、阻、蓄、分、导。

截——把地表水拦截于园地或某局部之外。

阻——在径流流经的路线上设置障碍物挡水,达到消力降速以减少冲刷的作用。

蓄——蓄包含两方面意义:一是采取措施使土壤多蓄水;二是利用地表洼处或池塘蓄水。这对干旱地区的园林绿地尤其重要。

分——用山石、建筑、墙体等将大股的地表径流分成多股细流，以减少危害。

导——把多余的地表水或造成危害的地表径流利用地面、明沟、道路边沟或地下管及时排放到园内（或园外）的水体或雨水管渠中去。

3. 明沟排水

明沟排水是指将地表水通过各种明沟有组织地排放（图4-34）。

图4-34

根据不同地段，可以选择土质、砌砖、砖石或混凝土明沟，明沟的坡度根据材料而定，一般不小于4‰。常见明沟的断面形式如图4-35所示。

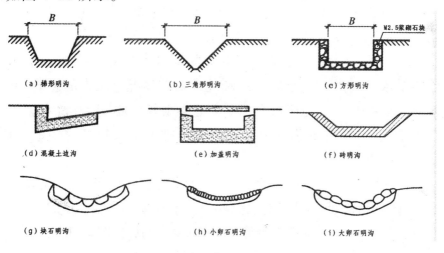

图4-35

为了便于维修和排水通畅,梯形明渠的渠底宽度不得小于30cm。梯形明渠的边坡用砖石或混凝土块铺砌,其坡度一般采用1∶0.75 ~ 1∶1。边坡在无铺装情况下,根据其土壤性质可采用相应坡度。

4.盲沟排水

盲沟排水是一种地下排水渠道,用以排除地下水,降低地下水位,适用于一些要求排水良好的活动场地,如运动场、草坪、高尔夫球场等,以及某些不耐水的同林植物生长区。

（1）盲沟的布置形式。盲沟的布置形式取决于地形和地下水的流动方向,主要有树枝式、鱼骨式和铁耙式等（图4-36）。

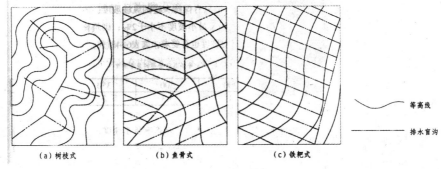

（a）树枝式　　　　（b）鱼骨式　　　　（c）铁耙式

～～～ 等高线

———— 排水盲沟

图4-36　盲沟布置形式

树枝式适用于周边高、中间低的园林地形（洼地）;鱼骨式适用于谷地积水较多处;铁耙式适用于一面坡的地形。

（2）盲沟的埋深与间距。盲沟的埋深主要受植物对地下水位的要求、冰冻深度、土壤质地和地面荷载情况等因素的影响,通常为1.2 ~ 1.7m;支管间距主要受土壤类型、排水量及排水速度等因素的影响,一般为8 ~ 24m。对于排水要求较高的场地,可适当多设支管。

（3）盲沟沟底纵坡。盲沟沟底纵坡坡度不少于5‰,只要地形条件许可,坡度应尽可能取大些,以利于地下水的排出。

盲沟的做法依材料选择不同,有多种类型,如图4-37所示。

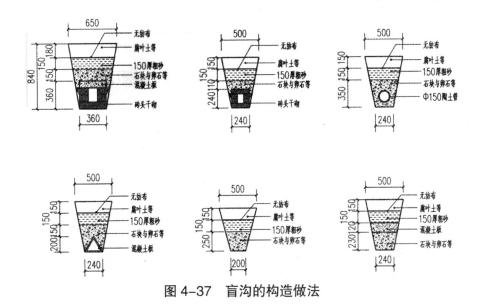

图 4-37 盲沟的构造做法

（五）管道排水

管道排水主要用于排除场地生活污水、低洼地雨水或公园中没有自然水体时的雨水。当在广场、主要建筑等周围，不方便使用明沟排水时，可以敷设专用管道排水。

要确定雨水管渠的断面尺寸和坡度，必先确定管渠的设计流量，而雨水管渠的设计流量与地区降雨强度、地面状况、汇水面积等有关。

（1）管道的覆土深度。最小覆土深度根据雨水井连接管的坡度、冰冻深度和外部荷载情况而确定，雨水管最小覆土深度在车行道下不小于 0.7m，在冰冻深度小于 0.6m 的地区，可采取无覆土的地面式暗沟。雨水管道最大覆土深度不超过 6m，理想的覆土深度 1 ~ 2m。

（2）最小坡度。雨水管道只有保持一定的纵坡坡度，才能使雨水靠自身重力向前流动。一般土质明渠最小坡度不小于 2‰；砌筑梯形明渠的最小坡度不小于 0.2%。不同管径对坡度也有要求，如表 4-3 所列。

表4-3　雨水管道各种管径的最小坡度

管径/mm	200	300	350	400
最小坡度/%	4	3.3	3	2

（3）流速的确定。流速过小不仅直接影响排水速度，而且水中杂质也易沉淀淤积。各种管道自流条件下的最小容许流速不得小于0.75m/s，各种明渠不得小于0.4 m/s。

流速过大，会对管壁有磨损，降低管道的使用寿命。金属管道的最大设计流速为10m/s，非金属管道为5m/s。

各种明渠的最大设计流速如表4-4所列。

表4-4　明渠的最大设计流速

明渠类别	最小设计流速/（m/s）	明渠类别	最大设计流速/（m/s）
粗砂及砂质黏土	0.8	草皮护面	1.6
砂质黏土	1.0	干砌块石	2.0
黏土	1.2	浆砌块石及浆石	3.0
石灰岩及中砂岩	4.0	混凝土	4.0

（4）最小管径及沟槽尺寸。一般雨水口连接管的最小管径为200mm，最小坡度为1%：公园绿地的径流中挟带泥砂及枯枝落叶较多，容易堵塞管道，故最小管径限值可适当放大，采用300mm。

城市的排水系统是一个庞大的工程，可以与植物生长、道路铺装等景观要素结合形成生态的城市系统。

（六）排水管材与附属设施

1.排水管材

常用的室外排水管材有如下几种。

（1）陶土管。陶土管具有内壁光滑、水流阻力小、不透水性好、耐磨、耐腐蚀等优点，但质脆易碎，抗弯、抗压强度低，节短，施工不便，不易敷设于松土或埋深较大之处。

（2）混凝土管与钢筋混凝土管。混凝土管多用于普通地段的自流管段,钢筋混凝土管多用于深埋或土质条件不良地段及有压管段。二者具有取材制造方便、强度高、应用广泛等优点,但抗酸碱腐蚀性及抗渗性较差,管节短,节点多,搬运施工不便。

（3）塑料管。塑料管具有内壁光滑、水流阻力小、抗腐蚀性好、节长接头少等优点,但抗压力较低,多用于建筑排水。

排水管的敷设和剖面示意图分别见图4-38、图4-39。

图4-38

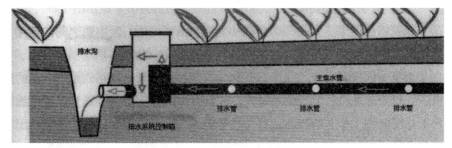

图4-39　排水管剖面示意

2. 附属构筑物

附属构筑物是雨水管道系统的组成部分,雨水管道系统的附属构筑物一般包括检查井、跌水井、雨水口和出水口四部分。

（1）检查井。检查井的功能是便于管道检查和清理,同时也起连接管段的作用。检查井通常设置在管道交汇、坡度和管径改变的地方。为了作业方便,相邻检查井之间的管段应成一直线。检查井主要由井基、井底、井身、井盖座和井盖组成。

（2）跌水井。跌水井是设有消能设施的检查井。当遇到下列情况且跌差大于1m时需设跌水井。管道流速过大,需加以调节处;管道垂直于陡峭地形的等高线布置,按原坡度将露出地面处;接入较低的管道处;管道地下遇障碍物,必须跌落通过处。常见的跌水井有竖管式、阶梯式和溢流堰式等。

（3）雨水口。雨水口是雨水排水管道上收集雨水的构筑物,通常设置在道路边沟或地势低洼处。雨水口的间距一般控制在30～80m,它与干管常用200mm的连接管连接,其长度不得超过25m。

（4）出水口。出水口是排水管道向水体排放污水及雨水的构筑物,其设置位置和形式应根据水位、水流方向和驳岸形式而定。雨水管道出水口不要淹没于水中,管底标高应在水体常水位以上,以免引起水体侧灌。在出水口与水体岸边连接处,可做护坡或挡土墙,以保护河岸及固定出水管道。

第五章 区域景观与景观分项设计

生态理念下的景观造型设计,最终要落实到具体的、专项的实践中去,比如道路与停车场景观设计、广场景观设计、居住区景观设计。

第一节 道路与停车场景观设计

一、道路景观设计

(一)道路景观设计的原则

1. 要充分尊重、继承和保护城市历史

在城市景观中,对于那些具有某种历史意义的场所,往往都会给人们留下十分深刻的印象,这也为一个城市的文化特征奠定了必要的物质基础。要做到城市街道景观的人性化设计,就必须要尊重城市历史,继承和保护城市历史的物质与文化遗产,并结合城市的自然地理风貌、文化传统、居民心理、市民行为特征以及价值取向等,进行街道景观设计的目标定位,并使其发展成为一种符合城市风貌与特色的街道文化景观。

2. 树立整体观念有序组织街道景观序列

对于城市街道景观设计,必须要以一个城市的总体规划思想为前提,以城市空间设计理论为指导,树立城市街道景观设计的

全局观念。在进行城市街道景观的规划过程中,要将城市街道景观和周围环境同时作为一个景观整体来加以考虑,并做出一体化的设计,应对道路、节点小品、水景、灯光、人、周边环境绿化等诸多景观构成要素做出统筹安排,把自然景观、历史文化景观等具有象征意义的城市特色景观有机地联系在一起。同时,还要合理利用当地材料和传统建筑符号,并结合本地自然风貌和风土人情,来创造出具有实用性、观赏性、地方性以及艺术性高度统一的街道景观空间,充分展现出具有个性化特征的整体城市形象。

3. 保护和节约自然资源,促进街道景观的可持续性发展

随着城市建设的不断发展,有关城市环境方面的许多不利因素也将会暴露出来。在保护城市生态环境方面,要求人们必须要做到合理使用和节约自然资源。为此,必须要保护那些不可再生资源,尽量减少能源、土地、水、生物资源的使用,并同时提高自然资源的循环使用率。要坚决维护生物资源的本土化和多样性,促进自然资源与生态环境、经济环境和社会的可持续发展。

4. 强调城市街道景观的可适应性

这里所讲的可适应性,主要是指人在城市中的主导地位。在进行城市街道景观设计时,对于景观建设和设施的配备等方面,都要充分体现人性化的设计理念,要以人的生理和心理需求为基本出发点,根据人的生活习惯、活动方式、参与形式以及人群特点等进行城市街道空间的景观营造,并同时提供出最佳的服务。如设置午间休息、候车等待、通信联系、常用商品购买点、公厕、紧急躲避等处所。

(二)道路的种类

1. 道路的等级

道路是联系各个功能区的通道。道路的主要功能是通行,其次是休闲散步。从道路的功能和通行量划分,可以分为以下几个等级。

（1）国道

全国性干线道路,主要联系首都与各个省会城市、自治区首府、直辖市、经济与交通枢纽、战略重地、商品基地等。

（2）省道

全省性干线道路,联系省内各个城市。

（3）城市主干道

城区内主要交通道路,连接城市各个功能区、重要节点枢纽。宽度 30 ~ 45m。

（4）城市次干道

属于地区性道路。与主干道相联系的辅助性交通道路。宽度 25 ~ 40m。

（5）支路

联系各个街区、居住区之间的道路。宽度 12 ~ 15m。

（6）街区道路

街区内部交通、出入的道路。

（7）公园—主路

公园内连接各个功能区的主要道路。宽度 2~7m,可以专供人行,也可以人、车混行。

（8）公园—支路

与公园主路相联系的辅助性道路,宽度 1.2 ~ 5m,可以专供人行,也可以人、车混行。

（9）公园—小路

深入各个景点、功能区的道路,宽度 0.9 ~ 3m,一般为步行者专用道路。

2. 道路的分类

根据道路性质和利用对象不同,道路可以分为以下几类。

（1）高速路

特指专供汽车分道高速行驶,至少 4 车道以上、完全控制出入口、全部采用立体交叉的公路。高速路是最高等级的公路,一般不穿越城区。

（2）快速路

城市道路的一种,设置有中央分隔带,汽车专用,全部或部分采用立体交差和控制出入,联系城市内各主要地区、主要近郊区、卫星城镇和对外公路。

（3）一般道路

供行人、无轨道车辆通行的道路。路幅较小时,行人和车辆可以采取人车混行模式。一般情况下,行人、车辆需要分道分向,且中间设置绿化隔离带。

（4）步行者专用道路

汽车不能进入,只供行人和自行车通行的道路。

（三）道路布局

1.确定出入口的位置与数量

道路布局首先应确定出入口的位置和数量。一般而言,景区和公园内为了形成环形游线,并考虑安全疏散因素,出入口需要设置两处:主出入口和次出入口。较大规模的地块,出入口也可以设置三处以上。

无论设置多少出入口,都必须有一处为主要出入口。主出入口一般位于等级较高的道路一侧,或者人流主要汇集方向上,但是一般不能设置在主要道路交叉口处。次出入口与主出入口应保持一定距离,不可相距太近。

2.确定道路布局形态

道路布局应采用等级道路规划方法,首先确定主路,其次确定支路,最后确定小路。从数量上看,应该主路最少（一般12条）,支路其次,小路最多。

主路必须连接主、次出入口,且贯穿主要功能区和主要建筑,支路从主路上延伸入功能区内,对各个功能区起到联系作用。小路则对主、支路起到补充作用,需布置到人所能到达的范围。总体而言,道路系统如同树状结构,主路为树干,支路为分支,小路则是树梢。

道路系统的布局形态主要受到基地规模大小和形态的限制。基本模式可以分为直线形、环形、S 形、回字形。

（1）直线形

基地形状呈条状、矩形,用地规模较小,只能布置一条直行主路,见图 5-1。功能区分布在主路两侧。可以在直行主路两端各布置一个出入口,也可以只在一端布置出入口。直线形可以衍生出 L 形和丁字形。

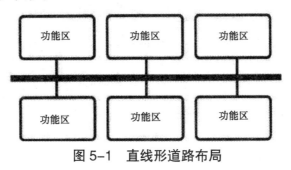

图 5-1 直线形道路布局

（2）环形

基地规模较大,可以组织环形游线。一般要求至少布置一主一次两个出入口。环形可以衍生出回字形（图 5-2、图 5-3）。

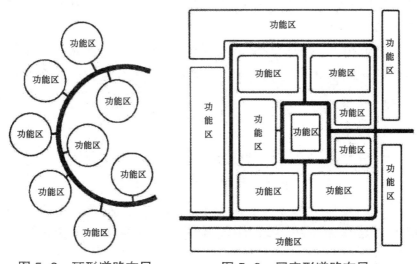

图 5-2 环形道路布局　　　　图 5-3 回字形道路布局

（3）S形

基地规模较大，主路曲折，有利于提高布局的趣味性（图5-4）。

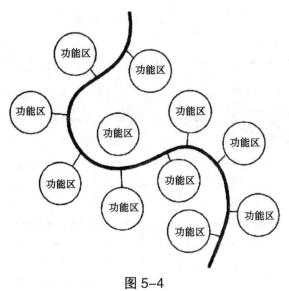

图 5-4

（四）行道树设计

行道树是街道绿化中运用最为普遍的一种形式，对于遮蔽视线、消除污染具有相当重要的作用，所以几乎在所有的街道两旁都能见到其身影。

行道树及其种植形式：在街道两侧的人行道旁以一定间距种植的遮阴乔木即为行道树。其种植方式有两种——树池式和种植带式。

1.树池式设计

在行人较多或人行道狭窄的地段经常采用树池式行道树的种植（图 5-5）。树池可方可圆，其边长或直径不得小于 1.5m，矩形树池的短边应大于 1.2m，长宽比在 1：2 左右。矩形及方形树池容易与建筑相协调，所以圆形树池常备用于街道的圆弧形拐弯处。

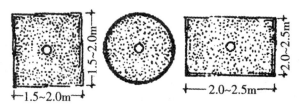

图 5-5　树池式种植示意

行道树应栽种于树池的几何中心,这对于圆形树池尤为重要。不能经常为树木浇水或少雨的地方,应将树池与人行道面做平,树池内的泥土略低,以便使雨水流入,同时也避免了树池内污水流出,弄脏路面(图 5-6)。必要时可以在树池上敷设留有一定孔洞的树池保护盖则更为理想(图 5-7)。

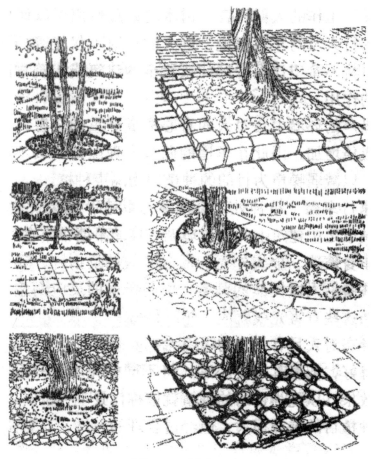

图 5-6　树池形式

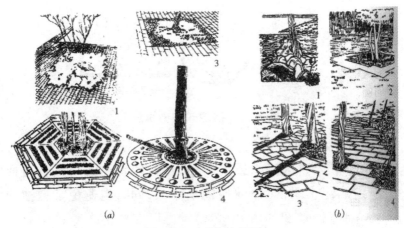

图 5-7　树池的保护

2. 种植带式

种植带一般是在人行道的外侧保留一条不加铺装的种植带（图 5-8）。为便于行人通行,在人行横道处以及人流较多的建筑人口处应予中断,或者以一定距离予以断开。

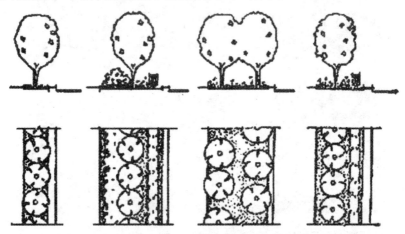

图 5-8　种植带的栽培示意

有些城市的某些路段人行道设置较宽,除在车道两侧种植行道树外,还在人行道的纵向轴线上布置种植带,将人行道分为两半。内侧供附近居民和出入商店的顾客使用;外侧则为过往的行人及上下车的乘客服务(图 5-9)。

图 5-9　人行道上布置两条种植带

（五）道路景观设计的误区

道路景观设计的误区体现在以下几个方面。

（1）要采用行之有效的空间组合式设计方法，取代以往那种重复单调的平面构图法，要坚决避免那些乏味而无意义的空间表达方式。

（2）在城市街道景观建设方面，还存在着中小城镇盲目克隆大城市的做法，片面求大、求宽、求洋，忽视节点设计，盲目照搬照抄。这将会造成城市街道尺度与比例的严重失调，并同时破坏该城市的重要人文及自然历史景观要素，而让人们失去对城市文化特色方面的体验。

（3）在街道景观规划与设计中，应当将能够代表本街道全部特征的典型断面进行综合分析之后，再去以化整为零的方式来形成局部的街道景观设计方案，避免过分统一或脱离现实环境的局部设计方式。

（4）应避免在街道景观设计中采用单调、平铺的表现方式，必须要加强设计方案在实施过程中的可操作性。必须要把整体街道中的不同景观断面，当成整个空间中的区段延续层次来进行因地制宜的合理组合，并使其成为在同一风格下的不同功能区段，以增加街道景观的整体空间节奏和韵味。

（六）道路景观的转角和剖面处理

1. 道路景观的转角处理

城市街道的转角处，不仅是街道空间中的一个转折点，也是行人与车辆的集聚点，同时还是一个街道景观的交汇点。因此，针对城市街道景观设计来讲，其转角处的空间处理形式以及景观特征等都具有十分重要的作用。人们在选择城市街道转角处的景观要素时，通常都是在街道的转弯处，设置某种具有导向作用的标志物，或者是对重点景观要素进行特殊加工，以使街道空间的引导性和过渡性得到增强，从而实现这一街道空间上的方向转换。例如，可以通过某种景观要素的不断重复，来创建街道空间的秩序感和连续性，同时还可在街道转弯处设置一个较大尺度的标志物，以给行人提供交通导向，也可将此标志物理解为街道的地标。

2. 道路景观的剖面处理

人们在街道中行进时，对其观察到的景物来讲，都好似在不断地勾勒出一幅幅有趣的轮廓线。在这些连续性的画面中，其每一幅景色的物象长度、高度以及彼此之间的比例关系等，都会使行人产生相应的心理感受，或者是行为的导向。因此，在城市空间中，通过对不同典型街道剖面的分析与论证，便可使设计师有目的地去规划街道景观，并使这种街道的剖面呈现出某种形式感、韵律感以及运动中的节奏感等，进而增强城市街道空间的景观趣味性和观赏价值。

（七）城市街道景观的标志与标牌

城市中的标志与标牌，是城市活动的重要组成部分，它在城市中有时会比建筑物都更加引人注目。通过合理运用标志与标牌的视觉效果，还能够烘托出城市街道的特定环境气氛，并对城市起到一个画龙点睛的作用,因此,对于街道中标志与标牌的处理方法,也是城市街道景观中的一项重要设计内容。

在讲求高效率的现代城市之中,标志与标牌能够给人们以引导和指向的作用,它是人们认知城市的符号。根据功能和性质的不同来进行划分,可将街道标志与标牌分为道路指示牌、广告牌、宣传牌、牌匾和灯箱等几种表现形式。

二、停车场景观设计

(一)机动车停车场景观设计

1. 停车位计算

景观区域机动车停车场的车位可以表 5-1 形式进行计算。

表 5-1　景观区域机动车停车场停车位计算表

车辆类型	日平均游人数 / 人			备注
	比例 /%	乘坐数 / 人	车辆数 / 辆	停车场停车位计算需根据游程安排确定其周转率,由各类车辆数总和除以周转率,从而最终确定具体数量
小客车				
中客车				
大客车				
总结	100			

2. 停车场面积估算

停车场面积估算,可以小轿车为当量,以 25 ~ 30m^2/ 车位进行面积估算。

3. 停放方式

表 5-2 为停车场不同停放方式特点及设计要求表(以小轿车为例)。

表 5-2　停车场不同停放方式特点及设计要求表

停放方式	特点	通道宽度取值 /m	备注
垂直停放	所需停车面最小，是一种常用的停车方式，常选择后退式停车，前进式发车	6m	
平行停放	是一种常见的路面停车方式，适合停车带宽度较小的场所	4m 以上	停车位长度一般为 7m
30°角倾斜停放	适用于整条停放车道狭窄的场所，但所需停车面积加大	4.5m 以上	在空间允许的情况下，一般不建议采用
60°角倾斜停放	整条车道宽度需加大，车辆出入方便	4.5m 以上	
45°角倾斜停放	整条停车车道无须太宽，且停车面积较小	4m 以上	

4. 标准停车位尺寸

表 5-3　标准停车位参考取值表

类型	参考取值	备注
垂直式停放的停车位	车位宽 2.5 ~ 3.0m，车带宽 5 ~ 6m，一般公共停车位取 3 × 6m	
有轮椅通行的停车位	停车位宽度应设计在 3.5m 以上	
公共交通停车场的停车位	一般为长 10 ~ 12m，宽 3.5 ~ 4m	车道宽度应确保在 12m 以上，一般选择倾斜式停放

5. 机动车车辆的转弯半径选择

表 5-4　各种车型最小转弯半径参考取值表

车辆类型	最小转弯半径参考取值
普通轿车	5.5 ~ 6
加长轿车	6 ~ 7
轻型客车	7 ~ 9
大型观光车或公交车	10 ~ 12

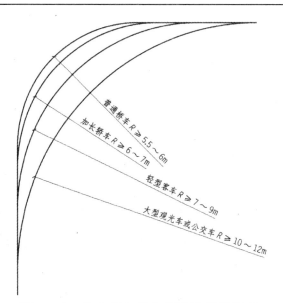

图 5-10　停车场各种车辆转弯半径示意

6.停车场设计

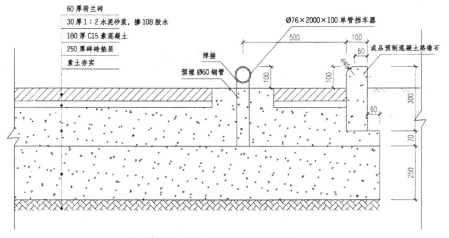

图 5-11　停车场剖面图

在停车场设计时需注意如下几方面：

（1）车挡的位置视车种而异,但一般情况下设置在距后轮1.1m 的位置。

（2）路缘石可兼作车挡,高度一般控制在 0.05 ～ 0.1cm。

（3）停车场内种植庇荫乔木时,绿带宽度应在 1.5 ～ 2.0m

以上。

（4）绿化树木、照明设施等应安排在距车位线 1m 以外的位置，以免妨碍车辆出入。

（二）摩托车与自行车停放场景观设计

1. 停放方式

摩托车停放场一般采用垂直式停放，通道狭窄的地方则可采用倾斜式停放，小进深空间可采用平行式停放。

自行车停放除普通的垂直式、倾斜式外，也可采用错位式和双层式自行车架进行停放，以提高停放场的容纳能力。

2. 停放场的标准尺寸

表 5-5　标准摩托车与自行车停车场通道及车位参考取值表

车辆类型	停放方式	参考取值
摩托车	垂直式停放	通道、停车带的宽度皆为 2.5m 左右，车位宽约 90cm
	倾斜式停放	可按通道、停车带的宽度皆为 2m，车位宽度为 90cm 设计
自行车	垂直式停放	通道宽约 2m，停车带宽约 2m，停车位宽 60cm
	利用自行车架的错位停放	通道宽约 2m，停车带宽根据倾斜角度决定，停车位宽约 45cm

第二节　广场景观设计

一、广场景观的空间的构成要素

广场空间，不仅是城市环境的重要组成部分，同时也是城市形象的主要标志。在城市环境中，广场的分布和功能定位取决于一所城市的整体设计。而广场的规模和空间形式，则取决于功

能要求和空间艺术布局的需要,例如美国坎布里奇市哈佛广场
(图5-12)。

图5-12　美国坎布里奇市哈佛广场平面图

如图5-12所示,美国坎布里奇市位于美国北部的马萨诸塞州,哈佛广场紧靠坎布里奇市西侧的哈佛园,是哈佛大学的中心,这里也是坎布里奇市最繁华的城市商业中心所在地。因此,哈佛广场与一般城市广场的概念是存在着一定特殊性的。从哈佛广场的布局设计来看,它并不是一个普通意义上的集中式大广场,而是由一系列相关节点和街道形成的动态的线型城市空间骨架。现将哈佛广场开发与建设的指导性原则做一简要介绍,以便于进一步加深对广场空间构成的认识和理解。哈佛广场开发与建设的指导性原则为:

(1)保护广场原有的历史建筑。

(2)尊重广场建筑形式及规模的多样性,鼓励在街道界定下的城市环境中,创造独立的绿地并与庭院组成积极的空间序列。

(3)在广场中心位置建立高质量的公共空间环境,完善环境设施。

（4）完成广场空间的步行系统，方便人行活动和提高城市空间的使用效率。

（5）维持广场使用性质的多样性，加强社区的文化氛围。

（6）提供合理的停车设施。

广场设计是一项综合性极强的城市空间设计，在进行城市广场设计时，必须要注重设计理念、重视设计构思，既要尊重科学，又要同时遵循视觉艺术的审美规律。应坚决杜绝只讲排场、只讲构图形式、简单草率或粗制滥造的广场设计方法。必须要创造一个能够反映出时代精神的，多样化的，并具备空间艺术感染力的现代城市形象。

从广义上来理解，任何一处城市广场空间，均是由若干类相关内容而组成，其中包括：空间本体形态及其实体构成；自然环境；使用者（涵盖个体及组织）；使用或活动方式；文化区位等。

从城市广场空间的表达形式来看，广场设计的形式属于一种非语言的文化表现符号，它总是应当与一定的人及人的社会行为相互关联的，同时广场空间的具体情况和其周边环境也是复杂多样的。因此，对于广场空间的表达形式与方法，必须要结合城市的客观需求来进行选择，要避免形式化、主观化以及片面追求艺术效果的表现形式。

当从空间构成的角度来分析广场空间时，具有图形特征的广场空间应当包括以下三个方面的要素，即形成空间底部的底界面、四周的围合界面以及空间中的建筑小品等装饰物。现分别介绍如下。

（一）底界面

一般说来，地面上的图案构成和地面铺装材料的选择，是底界面上的设计重点。在城市广场空间设计中，由于地面的尺度远远大于人体的尺度以及居住空间的室内地面尺度，这就需要人们在进行底界面的设计时，应利用增加地面细部划分的手法，来协调人体尺度与底界面尺度之间的比例关系。由于广场空间是人们进行活动和休息的场所,在此还需要给人们提供出一些能够进行较长时间欣赏的图案或实体。无论广场周围的围合界面是封闭的、敞开还是半敞开的;也不论是古典的广场还是现代的广场,或者是街道空间,对空间中底界面都要采用精心处理的设计手法,几乎是所有广场设计中的一个共同特点。古典的广场底界面设计,如意大利罗马的圣彼得广场和安农齐阿广场(图5-13)。现代的广场底界面设计,如美国新奥尔良市意大利广场。

图5-13 安农齐阿广场

要对广场底界面进行细部处理的原因是,利用广场中不同的地面材料及其质感的变化,可以引导和提示人们快速通过或漫步行走;在开阔的广场内,利用小块的地面材料进行铺设,能够给人带来亲切感;通过广场中的花坛、水池以及雕塑的基座等产生的阴影,则能够使人形成人体尺度的对比关系。

利用地面之间垂直标高的相对变化来丰富空间层次,这是广场景观环境设计中的另一种空间处理方法。其中,最为常见的处理方法是创造下沉式广场空间,即利用划分地面不同标高的方式,来形成下凹地面或坡地等。从人的心理感受方面来讲,地面上升时易产生挑战性心理,而地面降低时则会表现出放松感。

美国的洛克菲勒中心及广场,建成于1936年,在70层主体建筑 RCA 大厦前有一个下沉式的广场，广场底部下降约 4m，能同时与洛克菲勒中心的其他建筑，如地下商场、剧场以及第五大道等相连通。该广场的空间魅力，首先是由地面间的高差而形成，广场空间采用下沉式的形式，可以引起人们的注意及产生稳定感。在广场的中轴线尽端，是金黄色的普罗米修斯雕像和喷泉池。普罗米修斯雕像的背景墙是采用褐色花岗石为装饰面层，可成为广场的视觉中心，在其四周的旗杆上还飘扬着各国的国旗。在下沉广场的北部是洛克菲勒中心的一条步行商业街，在街心花园处还设有座椅等设施，可为人们提供短暂休息的空间。

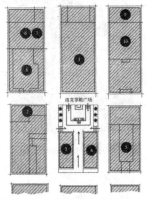

1—RCA 大厦；2—时代生活大厦；3—英国馆；4—法国馆；5—国际大厦；6—高特大楼；7—航空公司；8—空联大厦；9—音乐厅；10—美联社大楼。

图 5-14　美国的洛克菲勒中心及广场平面图

　　广场空间是人们进行各种活动的露天场地，是一个由不同界面围合而成的空间环境，从广场底界面铺装材料的选择方面来看，还必须要考虑到底界面材料与围合立面之间的呼应关系，通过加强广场空间中地面和立面的视觉联系，可使水平面与垂直面之间共同产生十分默契的空间配合效果。

（二）围合界面

　　围合界面所形成的立面形态是彼此间相互联系和相互影响的，无论是广场的整体形式与比例，还是广场中某个围合界面最上端的边缘轮廓线,都会直接影响到这个广场的空间整体形态和特征。在广场中,当这些单体的围合界面高度基本接近时,所有单体界面最上端的边缘轮廓线,就会共同连接成一条围绕着整个空间上部的边界线,而这个边界线会使人产生被装入了一个建筑之内的感觉,形成了一种进入室内空间之后所具有的封闭感。这种外部空间封闭感的体现方法,同室内空间中创建封闭感、尺度感及体量感的设计方法基本一致,其空间的处理技巧与室内空间的解决办法也基本相同(图5-15)。

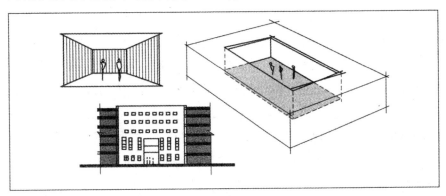

图5-15　创造广场空间封闭感的表现方法

在设计广场空间围合界面时,如果把相邻建筑的垂直界面做成相似处理,或缩短两者之间的距离,就会产生较强的空间封闭感。而当相邻建筑的立面处理形式差别较大时,通常可采用加入柱廊、建筑实体及树木等,来连接这两块断开立面,也同样可以获得空间的闭合感和连续性。

在广场空间围合界面的设计方法中,利用排列整齐的绿化树木也同样能够处理好有关广场空间围合界面的统一问题。在广场中若需要进行从一个空间到另一个空间的过渡和转换时,可采用独立的立柱或者是成排的廊柱来构成空间的过渡元素。这样的处理手法,不仅能够起到空间的划分作用,同时又可以产生空间的渗透效果。例如,意大利威尼斯圣马可广场入口处的两个石柱(在它上面站立的是象征圣马可的带翼狮子),两侧分别是公爵府和图书馆,在这里竖立的两个纪功柱就是起到了转换空间的作用。

当一个广场空间的围合界面上,有几处都设置了出入口时,可利用相似的拱券或拱门形式来联系四周的围合界面,同时还可通过这些入口的取景框作用,获得远处的自然景观和人文景观,并形成广场空间的借景效果。

在广场空间的围合界面中,应对原有建筑和新建筑之间的协调关系做出设计上的处理,以使其能够融入广场空间的整体环境之中。例如,由贝聿铭事务所设计的美国波士顿市柯普利广场围合界面中的汉考克大厦,这座60层高的庞大现代建筑与原有重点保护的历史建筑"三一"教堂近在咫尺,为了处理好两者的空间界面关系,设计者使两个建筑的立面成锐角相交,从而减轻了这一高大建筑物在广场方向上的厚重感,尤其是在面向教堂一侧的立面上又开了一个三角凹槽,更使得大厦秀丽挺拔,同时还采用玻璃幕墙包裹建筑,有效地将"三一"教堂的景观反射到墙面上,既扩大了视觉空间,又没有破坏广场的空间特色和尺度,反而为广场景观又增添了另一道风景线。

在进行广场空间设计的过程中,针对空间中由建筑物等形成的围合界面来讲,在处理围合界面的空间尺度时,通常需要运用两种空间尺度的思维模式来进行探讨:其一是要利于人们能够远距离欣赏城市空间的大尺度(即大尺度中的广场空间)效果;其二是要满足人们能够就近观赏景观细部的小尺度(如广场中的其他小尺度空间)效果。通过这两种观赏尺度的灵活运用,不论是对大型广场,还是针对小型广场而言,都会取得极佳的视觉效果及空间感受。

(三)雕塑与小品

在城市广场和街道中,雕塑、纪念碑、装饰型灯柱等,既能成为空间环境中的点缀物,又可形成广场或街道中的视觉中心,有时还可以利用它们来限定空间或使空间得到进一步的延续,采用这种处理方式的突出特点为,能够使划分的空间在整体大环境中分而不断,依然可以保持空间的统一性和完整感,见图5-16法国协和广场的雕塑。

图5-16　法国协和广场上的雕塑

(四)广场的空间尺度与封闭感

广场空间就如同人们常见的建筑空间一样,它可能是一个封闭性的独立空间,也可能是一个与其周围空间进行相互联系的组合空间。人们在认识和体验广场空间时,往往都是先从街道空间,再过渡到广场空间的这样一种空间流动顺序。在此,只有营造出一种从一个空间向着另一个空间逐渐过渡的运动趋势时,才能够吸引和引导人们去主动地欣赏空间和感受空间。

一般来说,人头和眼球运动的方向,都是按照能否被物体吸引而进行活动的。其中,人的视线特点,决定了人们感受一个空间的封闭程度,即空间感觉。针对这种空间封闭程度的感受特点而言,在很大程度上取决于人们的视野距离W与围合界面高度H之间的比例关系(图5-17)。

(1)当人们周围的围合界面高度与观察距离形成相等的比例关系时,可让人们形成较为良好的空间封闭感受。垂直界面高度：水平观察距离为1：1时,可形成与人的水平视线最大成角为45°的视线阻挡立面。

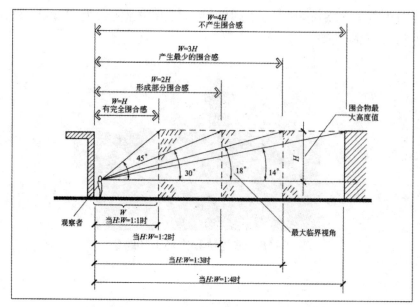

图 5-17 空间尺度的围合感示意

（2）当围合界面的垂直高度与人们的观察距离构成 1：2 的比例关系时，这是决定围合界面是否具有空间封闭感的最小极限值。当这一比值大于 0.5 时可形成一定的封闭感，而当这一比值小于 0.5 时则不会产生封闭感。垂直界面高度：水平观察距离 =1：2 时，可形成最大为 30° 的视线阻挡夹角。

（3）当围合界面的垂直高度与人们的观察距离构成 1：3 的比例关系时，能够使比这个空间围合界面更远处的建筑物等背景，都转变成为这个空间中围合界面的关联部分，这个空间不会形成封闭感。垂直界面高度：水平观察距离 =1：3 时，可形成最大为 18° 的视线阻挡夹角。

（4）当围合界面的垂直高度与人们的观察距离构成 1：4 的比例关系时，这样的围合界面将不具有任何空间封闭感，也不会产生任何的围合作用。垂直界面高度：水平观察距离 =1：4 时，可形成最大为 14° 的视线阻挡夹角。

除此之外，广场空间的封闭感，还应与周边围合界面的连续性以及空间的构成特征有关。例如，当建筑立面上的开口过多，或者是建筑物单体的构成形式在整个立面上变化得过于强烈时，也会减弱这个空间的封闭感，见图 5-18 ~ 图 5-20。

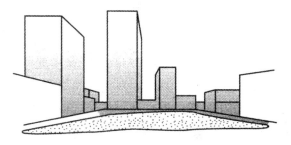

当形成广场的围合建筑群体高低差别过大时，会使空间的界定感不明确

图 5-18 广场空间的围合图示（一）

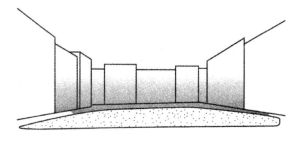

当广场周围的围合建筑群其高度相差不大，且广场的高宽比约为1:3时，观察者能够形成一定的围合感，空间界定有效

图 5-19 广场空间的围合图示（二）

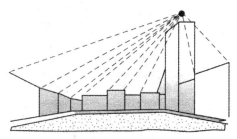

当广场的高宽比达到1:4时，如能在其周围的重要地点布置一栋较高的建筑，则可获得"伞效应"的空间界定效果，并形成广场的标志性特色，空间界定也较明确

图 5-20 广场空间的围合图示（三）

要形成一个最佳的广场空间，不仅要求广场周围建筑应具有合适的高度和连续性，而且还要同时具有合适的水平尺度。如果当一个广场的占地面积过大，那将失去很多与周围建筑等围合界

面形成的空间联系,同时也难以形成一个具有某种封闭感的广场空间。在许多失败的城市广场设计中,绝大部分都是由于广场的面积过大,而导致广场周边围合建筑的垂直高度比例过小,使底界面与围合界面的相互关系失调,过分地强调了一个广场底界面的延续性,从而忽视了一个广场应首先具备的"露天房间"的空间特征。

例如,意大利比萨广场,虽然广场空间的围合感并不强,但由于广场中设置的三座宗教性建筑,即大教堂、洗礼堂和钟楼,却使其空间特征发生了根本的转变。这组建筑的共同特点是体量都非常巨大,在各自单体上都重复使用罗马风格的拱券和柱饰,三个建筑都有一个宽大的大理石基座,并都采用相同的大理石材料来形成建筑的贴面,所以极大地加强了建筑外观的相似性。此时,广场中心的这组建筑对广场空间起到了主要的支配作用,可产生戏剧般的空间庇护感,使人置身其间也会具有相对围合、层次变化,以及空间连续的视觉感受(图 5-21)。

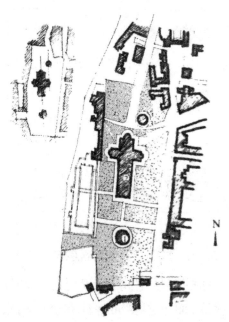

图 5-21　意大利比萨广场平面示意

（五）广场空间的基本形态

一般来讲，广场空间的基本形态包括三种形式，这就是封闭性广场、半封闭性广场以及组合性广场。现分别将此三种形式介绍如下。

1. 封闭性广场景观

从广场空间构成的基本形态上来看，在大多数的古典广场中，不仅其空间环境的围合方式具有明显的封闭性特点，而且它们的空间布局形式也都具有十分规则的外部形体特征（图 5-22）。

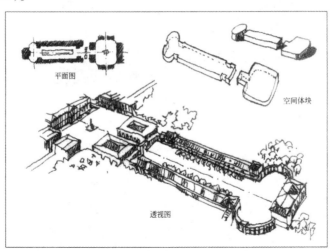

图 5-22　法国南锡广场空间形态分析

若从空间构成的角度上概括地来讲，封闭性广场一般具有以下共同特点：

（1）广场空间周围的围合界面应具有连续感和较好的协调统一性。

（2）广场空间应具有良好的围护感和安宁感。

（3）在广场空间中应比较容易地去组织主体建筑。

在古典广场中，由于空间构成的四个角呈闭合状态，都可形成良好的空间封闭感。而对于一个现代的城市广场来说，棋盘式的交通道路贯穿了广场空间的四个角,使得广场空间在四个角上都产生了缺口,从而也就削弱了现代广场的封闭感。在这一方面,还应当结合广场空间的使用功能和空间特征来进行弥补,要从人性化设计的角度出发,并以营造宁静、安逸、亲切以及封闭性良好的公共空间为目的。

对于封闭性广场的原型来看,可以追溯到早期的欧洲城堡建筑,这种城堡建筑有极强的封闭性,其主要作用是以防守为主,不论是它的城内围合空间,还是它的城墙建造尺度,都会让人形成良好的封闭感,如图 5-23 所示。

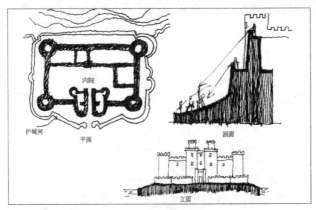

图 5-23 欧洲古城堡示意

广场的封闭性需求,也是随着社会文明的进步和经济发展的需要而不断演变的。若要从城市发展的角度来理解广场的封闭性,那就还要先来了解一下城市的由来。城市是社会与经济发展的集中体现。早期的"城"和"市"是两个不同的概念,其中"城"和"市"分别代表了两个不同的环境形态。"城"是防御性的概念,是为了社会的政治、军事等目的而兴建的具有防守性的堡垒,城的边界十分明确,空间形态可表现为封闭型、内向型;而"市"是指贸易和交易的概念,是通过生产活动或经济活动而形成的社会区域,市的边界则十分模糊,其空间形态可体现为开放性、外向性。伴随着社会文明的不断进步和社会经济的日益发展,"城"和"市",这两种初始阶段的空间形态也就逐步地变得越来越丰富和扩大,并逐渐形成相互渗透的趋势,这时"城"和"市"的界线也就变得越来越模糊,从此便逐步演变成为一种新的环境形态,最终形成了内容丰富多样、结构复杂的聚居形式,即人们今天说起的城市。

在现代城市中,广场是城市的重要组成部分,其主要功能是为了给市民提供出一个能够进行交往、娱乐、休闲、聚集以及其他社会活动的户外公共空间。封闭性广场的实例,如意大利栖亚那的坎坡广场(图 5-24)。

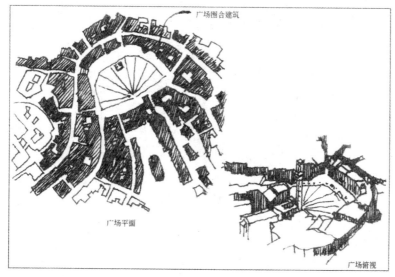

图5-24　意大利栖亚那的坎坡广场平面示意图

2. 半封闭性广场景观

半封闭性广场的空间形态,是相对于广场四周的围合界面而言的,当去掉广场空间中某一侧的围合界面时,便会形成一个面向某一方向的开敞空间,对于这种类型的广场空间形态,人们就把它称为半封闭性广场。

实际上,这种半封闭性广场的空间类型,仍属于封闭类型广场中的一个特例。因为,在这个开敞的界面上,仍要以雕塑、小品、栏杆、柱廊等来形成广场空间的限定,只不过是将完全封闭的空间界面转变成为另一种空间界定要素,使封闭性在这一界面处得到减弱,并增加了广场空间与周围环境的相互联系。

在半封闭性广场的设计中,一般都把广场的主要建筑设置于开敞处的对应面界上,并把开敞处的界面作为整个广场的主入口。由此不难看出,一个广场入口方向的景观空间,会由于主体建筑的加入而使其更加大放异彩;在主体建筑处的景观空间,也会由于入口处界面的开敞,而获得空间的延续,并同时起到借景的作用(图 5-25)。

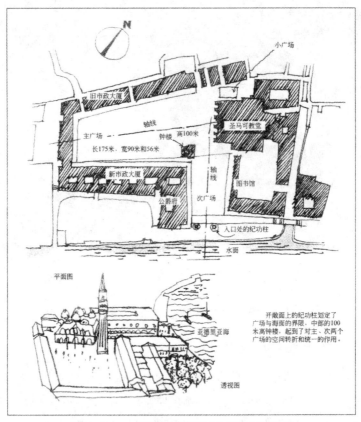

图 5-25 威尼斯圣马可广场平面示意

在城市空间环境中,有时为了营造出一种相对的封闭形式和围合感,还可采取整体广场地面抬升或局部下沉的方法来实现。例如,于 1991 年建成的美国加利福尼亚州的珀欣广场,属于一个公共性的休闲活动空间,地处洛杉矶市中心的第五街和第六街之间,其高高耸立的紫色钟塔与广场上的流水景观相结合,形成了一种时间流动的环境气氛。在珀欣广场上的钟楼对面,分别设立了明度极高的黄颜色咖啡厅和黄颜色的公交汽车站,可与紫色的钟楼形成极强烈的色彩对比,也将周边围合界面的不确定性在此得以凝聚,从而增强广场空间的向心力。同时还通过圆形的流水池和下沉的矩形广场,与整体广场空间形成落差的变化,来加强广场空间的趣味性(图 5-26)。

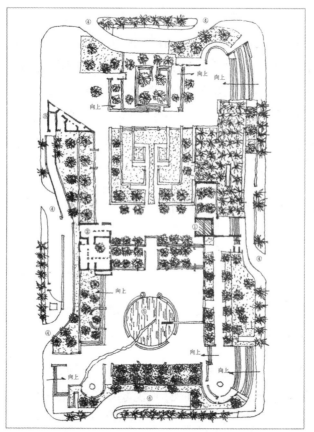

1—钟塔；2—咖啡厅；3—公交车站；4—地下停车场通道；5—圆形水池。

图 5-26　美国加利福尼亚珀欣广场平面示意图

3. 组合性广场景观

随着社会文化和经济活动的不断发展,当公共建筑以群组的形式出现时,广场的设立则通常都会以公共建筑群体为核心来进行空间组织和分布。因此,广场的设置有时是围绕着一个公共空间来形成,也有时是由几个公共空间共同构成一组广场空间而实现,人们便将以这种形式而构成的广场空间类型,称其为组合性广场。

在组合性广场类型中,对于形状各异的一组广场空间来讲,既可通过轴线的关系来实现广场空间的有序排列,又可利用各广场地面高差的不同,来形成这些广场组群的空间变化韵律。

例如,建于18世纪初期的罗马西班牙大阶梯,设计师斯帕奇,运用了巴洛克时期自由灵活的表现手法,将三个广场进行了非常巧妙的组合,也使其成为组合性广场的成功范例。这一组合性广场之所以用大阶梯来命名,那是由于在其中的一个广场上,设计师利用场地之间高差的不同,创建了一个具有全局性意义的大阶梯式的广场空间,同时这一大阶梯的空间构成还起到了联系其他两个广场的关键作用。

二、城市广场景观设计的原则

(一)公共广场设计原则

城市广场景观设计的原则主要体现在以下几个方面。

1. 尺度适配原则

它根据广场不同使用功能和主题要求,而规定广场的规模和尺度。例如政治性广场和市民广场其尺度和规模都不一样。

2. 整体性原则

它主要体现在环境整体和功能整体两方面。环境整体需要考虑广场环境的历史文化内涵、整体布局、周边建筑的协调有秩以及时空连续性问题。功能整体是指该广场应具有较为明确的主题功能。在这个基础上,环境整体和功能整体相互协调才能使广场主次分明、特色突出。

3. 多样性原则

城市广场在设计时,除了满足主导功能,还应具有多样化性原则,它具体体现在空间表现形式和特点上。例如广场的设施和建筑除了满足功能性原则外,还应与纪念性、艺术性、娱乐性和休闲性并存。

4. 步行化原则

它是城市广场的共享性和良好环境形成的前提。城市广场是为人民逛街、休闲服务的,因此其应具备步行化原则。

5. 生态性原则

城市广场与城市整体的生态环境联系紧密。一方面,城市广场规划的绿地、植物应与该城市特定的生态条件和景观生态特点相吻合;另一方面,广场设计要充分考虑本身的生态合理性,趋利避害。

(二)居住区休闲广场设计原则

现代广场有许多种类型,在此以居住区休闲广场为例来进行说明,在进行居住区休闲广场景观设计时,应当怎样来准确理解和把握居住区休闲广场设计的基本思路。如果把整个的居住区看成是一个大型的住宅,那么休闲广场就是这个大型住宅之中的客厅,它集中地展示了这个大型住宅的品味、特色、灵性以及生活环境的多方面活力。对居住者来说,居住区休闲广场不仅是为满足周围居民生活而建立的融交流、休闲及娱乐等为一体的户外公共活动空间,而且也是在居民日常生活中不可或缺的重要组成部分。为此,在进行居住区休闲广场设计时,既要满足景观设计的基本要求,如在场地条件、周边环境特点、功能规划与分区以及设计风格与表现形式等方面的设计原理和要求,同时还必须要遵循以下四个方面的居住区休闲广场设计基本原则。其中包括景观形态整体性原则使用功能不定性原则、表现形式丰富性原则以及使用时间多样性原则等,现分别介绍如下。

1.景观形态整体性原则

在进行居住区设计时,建筑、道路、广场、绿地、花园以及停车场等,都是居住区环境中最为基本的构成要素。这些构成要素,各有其特点,它们既各自独立,又相互联系和相互制约,同时它们还会对居民生活空间产生相互作用和影响,并共同构建出居住区公共休闲景观的空间环境统一体。居住区规模和人口数量、广场定位和级别、广场周围建筑风格和布局以及居住区用地环境等,都是构成居住区休闲广场环境的先决条件和决定因素,为此,必须使各个景观要素之间都要达到相应的统一性和协调性,并通过加强居住区中各部分之间的整体秩序感,使其各构成要素之间既相互关联又彼此均衡统一,从而共同组成一个连续的整体景观环境,以满足人们在现代都市生活中对于居住空间的多方面需求。

2.使用功能不定性原则

在现代居住生活中,对于居住区休闲广场空间的功能划分来说,要使所有功能空间都能够十分精确地满足人们多方面的各种需求是不可能的,唯有做到活动空间在功能上的互补和互益,才能更好地满足现代生活中人们活动行为的不定性。

例如,从一个居住区休闲广场的使用情况来看,在清晨很早起床的老人们可利用篮球运动场地来进行体操锻炼,而也有的老人可选择绿化植物地带去进行太极拳晨练,还有体弱的老人可选择户外观光的形式来呼吸新鲜的室外空气等。因此,对居住区休闲广场的功能设计,不可能只是考虑其中唯一的某种使用形式,更要从人性化的方方面面去进行分析和设置休闲景观要素,同时还必须要对休闲广场的使用功能进行综合评估,以达到景观场地和景观设施的最佳使用率。

随着居住环境质量的不断提高,休闲广场已成为人们多元化生活中的物质载体,居住区休闲广场是集多种功能于一身的活动空间,必须要为这一空间提供出能够容纳多种项目及活动内容的使用场地,应最大限度地满足广大居民能够进行游赏、休憩、交往、健身、娱乐等休闲活动(图 5-27)。

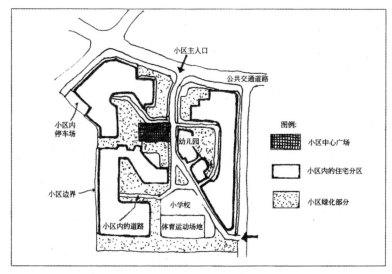

图 5-27 住宅小区休闲广场及周边交通示意

3. 表现形式丰富性原则

针对居住区休闲广场的表现形式来看,如今的居住区现代休闲广场,都具有向着包容性、多元化、边缘性以及不确定性等方向发展的新趋势,同时居住区休闲广场也更加注重人性化设计和人们从事户外活动的参与意识。所以,一个居住区休闲广场的亲和度、可达性、文化性、娱乐性以及景观元素的优美程度等,都将成为居住区休闲广场设计的重要依据和评价标准。同时,这也是居住区休闲广场在其表现形式上能够体现多样化和丰富性的根本出发点。由此说来,居住区休闲广场的表现形式也应是多种多样的,即使是运用简单的设计手法也能够创建出一个较好的居住区休闲空间,如利用大型树木和山石等自然元素来进行组合时,便能构成一个自然趣味浓厚的活动空间,也可成为夏季中充满生机的纳凉避暑场地。

例如,北欧挪威奥斯陆市的亚历山大卡拉迪斯休闲广场,这个略带斜坡的休闲广场,位于奥斯陆市中心南北分界线附近,被几条繁忙的交通公路所包围。由于疏于维护,这座 20 世纪 20 年代建成的公园,长时间以来一直都是个阴暗而不受人们欢迎的地方。在 2000 年到来之际,奥斯陆市政府决定对这个几乎无人问津的公园进行改建,并使其能够为附近市民提供一处散步、聊天、嬉戏以及户外运动的休闲空间。水的使用是这个居住区休闲广场的中心主题,其水源是通过城市地下涵洞,将经过净化后的河水由地下引到场地中来。亚历山大卡拉迪斯休闲广场是一个开放型的空间,在此广场上分布了几处造型各有不同的水塘和大片绿地,进而使广场空间形成了一种更加富有变化节奏的多样性特点。该广场底界面分别由草坪、广场地面及水塘等组成,并利用自然地形的坡度,使河水的流动形成了一种水潭和瀑布的效果。对于广场的围合感来看,在这里是通过沿广场边界种植绿化树木的方法来得以加强的。广场西侧的道路为步行和自行车两用道,广场的东侧可根据季节特点增设户外咖啡座,而广场的北端可与周围街道一起共同构成一个城市休闲空间,在这个区域中设有喷泉、草地和木椅。广场北端的喷泉可为低处的 9 个水塘,约 1250m² 的区域提供清洁水源。休闲广场中的水塘整体采用花岗岩砌成并设置防水层,当冬季到来时,这里的水塘还可作为滑冰场地使用。

通过以上对亚历山大卡拉迪斯休闲广场规划与设计的简要介绍,不难看到,在居住区休闲广场设计中,对于表现形式丰富性原则的应用方式,不只是仅限于设计形式和方法上,还可以体现在对设计理念的突破和创新方面,如在城市住宅用地相对拥挤的现状下,将该广场的北端与其周围街道空间进行组合,共同构成一个溢出式的景观空间并使广场休闲空间扩大化的做法,是很值得给予重视和进行借鉴的空间构成新理念。

4.使用时间多样性原则

居住区休闲广场上,承载了多种多样的活动方式、各种活动内容的活动时间,以及多类型和多层次的活动人群,并由这些内容或形式一起共同形成了居住区休闲广场在空间形态上的使用时间多样性特征。

现以北京亚运村安慧里居住区的葫芦广场为例,这一休闲广场在清晨时,是为中老年人提供晨练的场所;在中午和下午时,便成为青少年进行球类运动的比赛场地;而到了晚上时,则又会成为居民休闲娱乐的活动天地,如进行交友、散步、举行露天舞会以及观看露天电影等活动。该居住区休闲广场的建立可兼顾不同层次、不同人群在不同时间段上的活动需要,并在保证广场利用率的同时,以生动多样的活动内容,极大地丰富了居住区内人们的日常休闲生活。

总之,居住区休闲广场,既是人们进行户外活动的公共空间,又是与人们休闲活动有着密切关系的功能空间,同时也是城市居住区生活中最具活力的开放型空间。此外,居住区的休闲广场也是与特定的人群及人们的社会行为密切相关,其最终目的是为了满足人们居住生活中的各种户外休闲活动而创建最佳的人性化空间,必须要做到使用功能与欣赏美化功能并重。因此,对于生活在繁华都市的人们来说,能够构建出一个具有可达性、舒适性、愉悦性、文化性以及生态型的居住区休闲广场,这不仅仅是为了达到现代城市中居住生活的物质要求,而且更是为了满足人们亲近自然、促进邻里和睦、增加交流与沟通的精神需要。

(三)文化活动广场设计原则

城市文化活动广场,是相对于其他广场类型,如集会游行广场、商业广场、休闲广场等功能性比较突出的城市广场,而又划分出的另一种广场类型。

文化活动广场一般都是与城市中的主要文化建筑相结合来进行建设的,其主要的文化建筑,如博物馆、展览馆、图书馆、影剧院、音乐厅、文化活动中心以及具有历史文化意义的场所等。

文化活动广场是以满足和丰富市民进行社会文化生活而设立的,它是集休闲、交流、观演、娱乐以及科普等活动于一体的户外公共空间。文化活动广场的建立,不单代表了一个城市的整体文化面貌,同时也体现了市民关注文化和参与文化活动的时代要求。

从城市环境的文化特色,可映照出一个城市的精神面貌,而通过城市居民的生活方式,也可集中体现出这个城市的文明程度。其中,城市居民的生活方式决定了城市生活的品位和城市发展过程中的文化需求形式。对于一个城市的文化发展需求来说,它蕴含了整座城市发展的蓬勃生机,可体现出城市的吸引力和城市的生命力。

针对城市文化活动广场的设计来讲,在设计理念和指导思想上,第一,必须要突出城市文化特色,以城市历史文脉和区域文化特征为出发点;第二,要根据主要文化建筑的使用性质、功能要求、建筑风格以及布局形式等方面来进行景观规划;第三,要突出体现群众文化的需求特征,并使其成为广场景观的主轴线;第四,要根据文化活动广场的特殊要求和设计原则来形成广场整体设计目标的定位。在此,文化活动广场设计的基本原则包括:地方特色原则、效益兼顾原则、突出文化原则以及彰显个性原则。现分别介绍如下。

1. 突出地方特色

一个城市的地方特色,应包含两种含义:其一是指地理方面的因素;其二则是指形象与文化方面的因素。

在地理条件方面,城市文化活动广场的设计,必须要突出地方自然特色。即文化活动广场的设立,必须适应本地区的地形、地貌以及气温、气候条件等要求,并在强化地理特征的同时,尽量采用富有地方特色的建筑形式和建筑材料来构建广场景观,进而充分体现各城市中所独具的地方自然特色。例如,在自然环境方面,对于中国北方城市文化活动广场的空间构成而言,应以强调整体环境的日照关系为主,而从中国南方城市文化活动广场的空间组织形式来看,则又要以强调整体环境的遮阳处理效果为主。

在城市形象与文化方面,城市文化活动广场的设计,还必须要突出本地区的社会特色。即结合历代城市的时代需要,突出其人文特征和历史文化。对于一个城市文化活动广场的建设,不但要承继这一城市的历史文脉,适应本地区的民俗风情和文化,突出地方建筑的艺术特色,使其有利于开展富有地方特色的民间文化活动,同时也要避免广场设计形式上的千城一面,进而增强广场形象的凝聚力和吸引力。

例如,杭州西朔文化广场突出的是现代江南的地域特征,展现的是都市文化与城市艺术的完美融合。而济南泉城广场则代表的是齐鲁文化的传承和发展,体现的是"山、泉、湖、河"的泉城特色。

2.效益兼顾

在进行城市文化活动广场的设计时,必须要体现出经济效益、社会效益和环境效益并重的原则:城市文化活动广场的建设是一项系统工程,涉及建筑空间形态、立体环境设施、园林绿化布局、道路交通系统衔接等多个方面。从使用功能的角度来看,城市文化活动广场是市民社会文化生活的聚集中心,既是本地市民的"起居室",又是外来旅游者的"客厅"。从社会需求程度方面来看,城市文化活动广场,是城市中最具公共性、最富艺术感染力,也最能反映现代都市文明魅力的开放空间。

城市文化活动广场的功能取向,具有朝着综合性和多样性不断演化的新趋势。这将会使综合利用城市广场空间,以及合理规划城市广场环境的需求问题日益突出。城市文化活动广场,不仅是城市中重要建筑的集中地,而且还是城市中最具活力的公共活动空间,同时也是城市交通的重要枢纽。因此,对于城市文化活动广场的规划与设计来讲,不但首先需要建立出一套完整的创新理念和设计方法,同时还要通过广场规划的方式来体现出社会经济的发展需求,以使文化活动广场的功能取向和社会效益,能够满足现代城市建设的可持续发展目标。

例如，北京西单文化活动广场，它是一个闹中取静的下沉式广场。可分为地上与地下两个部分，其地上部分为文化广场，地下部分为商业建筑和文化娱乐建筑，如文化商场、电影放映厅、保龄球馆、游泳馆、溜冰场、餐厅以及地下停车场和地铁换乘通道等使用空间。下沉式广场就设置于整个场地的中心部位，并通过广场中央的圆锥形玻璃窗，将天光引入地下空间。在广场外围的西南角一侧，为草坪和步行道，以起到组织交通和人流疏导的作用。在广场外围的北侧，设计师还利用地面高差的变化，为公交车站搭建出一个极具人性化的候车空间（图5-28）。

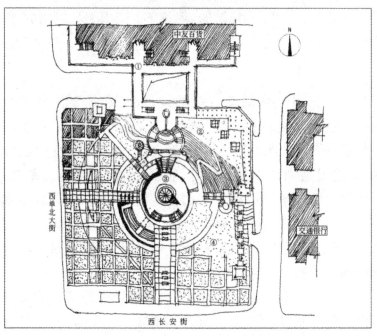

图5-28　北京西单文化广场平面示意

3.突出文化

城市文化活动广场，是以满足人们社会公共文化活动为主要内容，其主要活动内容大体包括：

（1）以专业或民间团体形式出现的艺术性表演活动。

（2）开展群众性的文化娱乐以及地方性的体育表演活动。

（3）为普及生态环保知识而开展的科普教育主题活动。

（4）为提高全民素质而开展的文化和艺术交流活动。

（5）为丰富市民文化娱乐生活而开展的益智休闲活动。

（6）为提高消费理念而开展的商业文化宣传活动等多方面的文化生活。

文化活动广场是集文化、学习、娱乐、休闲、交际等活动于一体的开放空间，应使广场环境中的人们能够切实地感受到传统文化的温馨和气息。在文化活动广场的景观文化表现方面，要根据广场空间中主要景观建筑的文化内涵和艺术风格特点等综合因素，来进行文化活动广场景观文化的目标定位，以使各相关景观要素的设计均具有文化的代表性和艺术的典型性。广场文化的体现，虽然都是要通过某种具象或抽象的形式来表现，但是这种形式和内容都要经过设计师的高度提炼和概括才可形成。因此，只有在广场景观设计中充分结合城市的区域文化、风俗文化以及城市特色等人文因素，才能使广场景观突现出集聚地域性文化的个性化特征。

4. 彰显个性原则

突出城市文化活动广场的个性，就必须要深入挖掘城市文化的多种资源，以展示地方文化的风采，突出民族传统文化的地域性特征，即"只有民族的，才是世界的"。在开展各种广场文化活动时，还应将具有地方特色、民族特点的民间文化瑰宝引进广场，如山歌、地方戏等。同时也要吸引不同层次的市民参与广场的活动，增强广场的凝聚力。

例如，西安市大雁塔广场，其地形特征为北低南高，落差9m，共由九级台阶组成，并以历史建筑大雁塔为主体，在广场的东西两侧是现代商业建筑，广场北入口由文化柱和万佛灯塔组成，广场中央设水体景观，在广场东、西、北三个方向上设立石牌坊，以增强广场空间的连续性。通过如此的精心设计，把古城西安的文化个性和大雁塔的历史与文化紧密地联系在一起，充分体现了古城西安的现代风采和文化个性。

综上所述,城市广场是社会经济与文化发展到一定历史条件下的产物,广场文化在城市文化中占有重要地位。通过城市广场空间的营造,不仅能够展现出一个城市的整体精神面貌,而且也可反映出一个城市的历史发展和时代的特征。学习城市广场景观设计,必须要结合这一城市的地域性特征、环境条件、地方文化以及时代需求等因素来进行有关设计方面的综合分析,只有在理解的基础上,才会感悟到景观环境设计的真正内涵和意义。

第三节　居住区景观设计

一、居住区景观环境形成的条件

根据建设人居环境的思想理念来概括地讲,形成居住区景观环境的基本条件可包括以下三个方面,如图 5-29 所示。

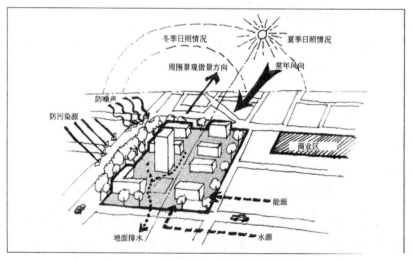

图 5-29　居住区景观形成的条件

其一,居住区景观环境的地理位置与周边环境状况,如:区位、交通、建筑、日照、风向、污染源、噪声源、水源、食物、能源、土地、气候等条件。

其二,景观环境中应将绿化系统与居住、服务、交通等系统进行有机的结合,增加绿化空间场地的份额。其功能在于保持大气成分稳定、调节气温、增加空气湿度、净化空气、降低噪声指数。

其三,尊重自然景观,保护自然生态,降低建设对自然界的干扰,合理地利用自然资源,如:太阳能、风能、地热能及降雨等,使其能够服务于居住区的景观环境。

二、居住区绿地景观设计

居住小区绿地设计时,首先必须分析居住小区使用者数量、年龄、经济收入、文化程度和喜好等。不同阶层的使用者对居住小区景观规划设计的需求也会有明显的差别,主要体现在以下几方面。

(一)准确定位

在进行景观规划设计时,首先必须考虑用地规模和地价等土地适用性评价。其次确定服务对象,有针对性地来设计居住小区景观。

(二)周边环境资源的利用和再开发

居住小区周边环境包括地理交通、历史渊源、文化内涵和自然生态环境等。建筑是居住环境的主体元素,它能实现理想居住小区的群体空间。居住小区的景观在设计时,可以借用多种造景手段[1],如将居住小区周围的自然、人文景观等融入居住小区的景观序列中,从而创造出居住小区宜人的自然山水景观。

(三)可持续发展原则

受不同形态基地内的原有地形地貌的影响,在对居住小区景

---

[1] 设计必须结合周边环境资源,借势、造势,形成别具一格的景观文化。

观环境进行设计时,首先应在尊重原有自然地形地貌条件下,实现"可持续发展"的思想,从而在维护和保持基地原有自然生态平衡的基础上进行布局设计。

(四)居住小区景观的渗透与融合

在整体设计中,应遵循城市大景观与居住小区小景观相互相协调的原则。例如将小区的景观设计作为对城市景观设计的延伸和过渡,可以使人们从进入居住小区到走入居室,始终置身于愉悦身心的生态环境中。此外,还可以通过合理运用园林植物将园林小品、建筑物、园路充分融合,体现园林景观与生活、文化的有机联系,并在空间组织上达到步移景异的效果。

三、居住区植物的配置与选择

利用植物造景是居住区园林设计的重要原则,居住区植物的配置选取,需要充分考虑绿化对生态环境的作用和各种植物的组织搭配产生的观赏功能,同时还要因地制宜,选取符合植物生长习性的品种,以科学的方案构建出和谐的园林之美。

(一)植物配置的原则

1.符合植物的生长习性

在一定的地区范围内都有符合当地生态气候的植物和树种,居住区内植物的选择要符合它们的生长习性,否则会产生"橘生淮南则为橘,生于淮北则为枳"的不良后果。选择符合该地区生长习性的植物种类才能在日后的生长过程中产生良好的生态与观赏效益,同时也便于集中管理。

2.注重层次性和群体性

居住区的绿化要重视植物的观赏功能,植物配置要有层次性和群体性的特征。具体来讲,应该将乔木与灌木相结合,将常绿植物与落叶植物相结合,将速生植物与慢生植物相结合,并适当点缀一些花卉、草坪,从空间上形成错落有致的搭配,时间上体现出季相和年代的变化,从而创造出丰富优美的居住环境。

3.采用多种栽植方法

各种植物的栽植,除了在小区主干道等特定区域要求以行列式栽植以外,通常会采用孤植、丛植、对植相结合的方式,创造出多种景观构造。植物选取的种类不宜过多,但尽量不采取雷同的配置,应该保证其形态上的多样化和整体上的统一性。

4.提高绿地的生态效益

居住区环境质量的提高很大程度上归功于绿色植物产生的生态功能,绿色植物能有效降低噪声污染、净化空气、吸滞烟尘。绿化过程中,在保证植物观赏功能的基础上,应侧重其生态环境方面的作用。一般通过对植物种类的选取和植物的组合配置能产生较好的生态环境效益。

(二)植物的选择

1.以乔灌木为主

乔木和灌木是城市园林绿化的主体植物种类,给人以高大雄伟、浑厚翁郁的感受。居住区植物的选取应该以乔灌木为主,同时以各种花卉和草本进行点缀,在地表铺设草坪,这些植物的合理搭配能形成色彩丰富,季相多变的整体植物群落,具有层次感,产生很好的生态环境效益。

2.乡土树种为主

人们通常将一个地区内较为常见、分布广泛、生命力顽强的树木称为乡土树种,它们的成活率很高,在比较长的历史时期内都能健康生长。居住区树种的选择通常以这种"适地适树"的乡土树种为主,既降低了栽植的难度,还能节省运输成本、便于管理。同时,也应该积极引进经过驯化的外来植物种类,以弥补乡土植物的不足。例如,法国梧桐就是引进外来树种种植的成功范例,由于它生命力强,栽植容易,对生长环境的要求不高,如今在我国分布很广,居住区园林绿化时也多有应用。

3. 耐阴和攀援植物

由于居住区内建筑较多,会形成许多光照较少的阴面,这些区域内应选择种植一些耐阴凉的植物,如玉簪、珍珠梅、垂丝海棠等都是其中的代表。另外,攀援植物在居住区绿化中也有十分广泛的应用,在一些花架和墙壁上,通常会种植常春藤、爬山虎、凌霄等攀援植物。

4. 兼顾经济价值

居住区绿化应首先考虑植物的生态功能和观赏功能,有便利条件的地区还可以在庭院内种植一些管理比较方便的果树、药材等,在收获的季节不仅丰富了小区的景观,成熟的果实还能产生一定的经济效益。

四、居住区园林绿地的布局形式

(一)规则式

这种布局以规则的几何图形为整体框架,又可以分为对称规则式和不对称规则式两种。对称规则式有明显的主轴线,沿主轴线、道路、绿化、建筑小品等成对称式布局,让人感受到一种庄重、规整的氛围,但也有人认为其形式比较呆板,不够活泼。而不对称的规则式相对自然一些,没有明显的轴线感,给人的整体感觉是整齐、明快的,这种布局较多适合于小型绿地,如一些小游园、组团绿地等。

图 5-30 居住区规则式绿地布局

（二）自然式

自然式布局也称为自由式，即布局方式比较灵活，多采用曲折迂回的道路，将自然地形当中的池塘、坡地、山丘合理规划到绿地布局当中，给人以自由活泼、富于自然气息的感觉。

图 5-31 居住区自然式绿地布局

（三）混合式

所谓的混合式是将规则式与自由式结合在了一起，这种布局的灵活性比较强，根据地形或功能上的特点，既有自然式的自由度，又有规则式的庄重感；不仅与四周建筑广场相协调，同时也兼顾了自然景观的艺术效果。这种布局比较适合于中型及以上规模的景园，小型居住区空间有限，不宜采用。

五、屋顶花园的景观设计

城市中建筑密集,硬质铺装累积,使环境不断恶化,城市热岛效应日益显著,而绿化用地往往得不到应有的满足。为了改善环境、增加生态效益,在建筑物的顶层或是地下车库、车站、超市的顶层进行绿化,是近年一些城市开始实施的举措。

屋顶绿化指将屋顶布置成露天花园的绿化形式,这对于调节温度和湿度、改善局部小气候具有十分显著的作用。屋顶绿化是室内的隔温层,夏季可以降低室温;冬季可以防止寒冷;据科学研究,屋顶绿化中布置的各种绿色植物,在盛夏时,能够将室内气温降低 5 ~ 6℃,冬季则可以将室温提高 2 ~ 3℃。屋顶绿化可以为居民或顾客创造休息、室外活动和锻炼的场所;屋顶绿化还可以美化城市,使干枯的景观覆盖上绿色,减少尘土飞扬和污染。屋顶绿化要比其他各个部分的绿化更为复杂,难度也会更大,必须从结构设计、投资建设、房屋管理等各个方面进行综合的研究,以确保其可行性与合理性。所以,屋顶绿化通常需要根据条件因地制宜地开展。

图 5-32　屋顶花园绿化

（一）不同类型的屋顶花园绿地景观设计

1. 简易覆盖型设计

一般住宅楼或写字楼屋面上覆盖草坪或地被植物,可以起到减少室内外温差的作用,也可以成为居民的晒衣场、养飞鸽或夏季乘凉的场所。图5-33为哈佛大学研究生公寓屋顶花园,图5-34为以地被植物绿化的屋顶花园,图5-35则为德国杜塞尔多夫3000m²屋顶绿化。

图5-33　哈佛大学研究生公寓屋顶花园平面

图5-34　以地被植物绿化的屋顶花园

图5-35　德国杜塞尔多夫3000m²屋顶绿化

2. 绿茵广场型设计

在用地紧张的情况下，将地下停车场顶板上覆土进行绿化，其整体效应虽不如一般绿地，但也能发挥屋顶花园的作用。

3. 普通型（密集型）设计

在屋顶上布置花灌木、绿篱、少量的小乔木。布置小广场、座椅、灯光、水景，布置简单的服务设施，一般市民都可以在这里饮茶、乘凉、小憩。

4. 多元型设计

屋顶上布置游泳池、网球场、座椅、亭子、花架、喷泉、水池、灯光、厕所，种植乔灌木，布置花坛，可以进行文化、体育活动，也可纳凉、休息。

（二）屋顶花园绿化的技术

1. 屋顶花园的荷载

屋顶绿化的屋面荷载按一般规定，不上人屋面为 $0.5kN/m^2$，上人屋面为 $1.5kN/m^2$。北京市 20 世纪 80 年代以后，框架结构建筑物一般为 $150kg/m^2$ 以上。合适的种植土 6cm 厚不需要特殊处理，北京王府世纪停车场屋顶花园 8 层屋顶荷载达到 $450kg/m^2$，9 层平均荷载为 $600kg/m^2$，局部位置上达到 $1500\sim1800kg/m^2$，游泳池、网球场、厕所、花架等设施，需要按实际情况计算荷载。

屋顶花园在荷载允许的情况下，可以考虑设计假山和水景，但要重视相应的防渗处理。屋顶花园的布局要和建筑结构紧密联系，把体积较大和重量较重的设施有意识地组织在支撑柱、承重墙和横梁上面，保障房屋的安全。

2. 屋顶花园的树种选择

屋顶花园种植的植物要考虑重量、土壤深度、排水、土壤稳定性、植物壮年期的高度、根茎和树冠的扩展范围、根茎类型、耐旱和抗涝能力、生命周期、伴生树种、更新植物的难易程度等因素，同时还要考虑观赏效果。

一般简易型屋顶绿化可选用各种景天类植物，一般不需施肥，能保存水分。

屋顶花园要善于使用藤本植物，通过配置棚架，形成较好的遮阴休闲空间。对于屋顶上的通气孔和采光设施，最好围合在绿地中，用植物进行遮挡，但又不能过高而影响采光效果。

3. 屋顶花园的种植基质

基质以人工轻质、高强、保温性强的为好。现在一般用材料为草炭、有机肥料、珍珠岩和沙的混合基质来代替自然土壤。理想的基质密度应该在 $0.1 \sim 0.8 g/m^3$，最好的是北京王府世纪停车场屋顶花园使用的基质干密度为 $850 kg/m^3$，湿密度约 $1100 kg/m^3$。

植物栽培土内饱和后所余水分应能顺畅排出，可在栽培土壤下部安置排水管网，集中后排出。为保持屋顶排水畅通，基质的排水性和持水性必须很好地协调，即对孔隙度和大小孔隙度比有很高的要求。一般大小孔隙度比在 1 ∶（1.5 ~ 4），或有 30% ~ 50% 的持水孔隙和 15% ~ 20% 的通气孔隙，植物生长良好。

4. 灌溉所有屋顶

绿化树种和草坪都应有喷灌、滴灌或渗灌设施。

5. 整体构造

由植物、基质和各种设施构成完整的屋顶花园。

不同类型植物所需土层厚度见表5-6。

表 5-6 屋顶花园常用构造做法

项目类型	土层厚度/mm	屋面荷载/(kg/m²)	技术措施	种植基层	
				做法	容重/(kg/m³)
草坪种植	150	200	①屋面每100m²汇水面积一根φ100水管 ②较大树木设置在楼板柱顶位置 ③较大树木坑盲设置在楼板柱顶位置，可与地表下600mm处加2000mm×2000mmφ 11mm钢筋网，其上部再铺150mm钢筋网，并铺双氧树脂漆防锈网，可使直径230mm大树不倒	泡沫有机树脂制品（加入50%腐植土）	30
灌木种植	200～300	300～400		海绵状开孔泡沫塑料（加入80%腐植土）	23
综合式花园	200～350	500～600		蛭石煤渣（加入50%腐植土）	100
中树	450～500	600～800		膨胀珍珠岩	300
浅根性高树	600～750	800～1000		火山渣排水层（粒径12～50mm，保水性17%）	850
深根性高树	900～1500	800～1000		膨胀黏土排水层（粒径50mm，保水性50%）（最小）空心砖排水层（400mm×250mm×30mm）	430

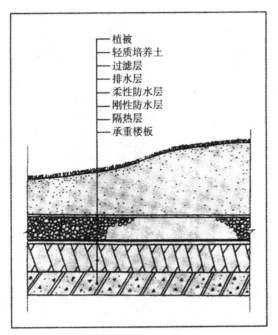

植被
轻质培养土
过滤层
排水层
柔性防水层
刚性防水层
隔热层
承重楼板

图 5-36 屋顶花园种植床布局示意

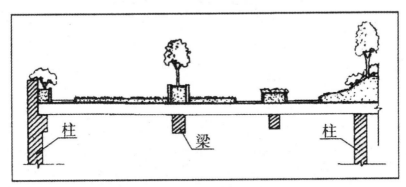

柱
梁
柱

图 5-37 屋顶花园种植床构造示意

图 5-38 为德国屋顶花园植床构造示意图。

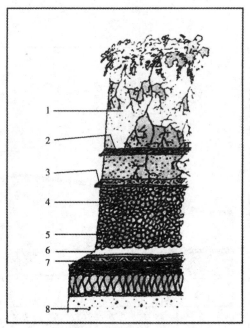

1—轻质培养土；2—根床网；3—过滤层；4—排水层；5—雨水阻壅层；6—防根保护层；7—隔离保护层；8—屋盖结构。

图 5-38　德国某屋顶花园种植床构造示意

第六章　景观设计手绘与生态理念下的景观造型设计案例

在设计界,手绘图已是一种流行趋势。本章作为本书最后一章,以景观设计手绘切入,描写景观设计手绘以及生态理念下的景观造型设计。

第一节　景观设计图手绘与表现

手绘表现图是设计师艺术素养与表现技巧的综合能力的体现,它以自身的艺术魅力、强烈的感染力向人们传达设计的思想、理念以及情感,愈来愈受到人们的重视。素描、速写、色彩训练是我们画好手绘图的基础,对施工工艺、材料的了解是画好手绘图的条件。手绘图是利用一点透视、两点透视的原理,形象地将二维空间转化为三维空间,快速准确地表现对象的造型特征。徒手表现很大程度上是凭感觉画,这要通过大量的线条训练。中国画对线条的要求"如锥划沙""力透纸背""入木三分",充分体现了对线条的理解。线条是绘画的生命和灵魂,我们强调线条的力度、速度、虚实的关系,利用线条表现物体的造型、尺度和层次关系。只有经过长期不懈的努力才能画出生动准确的画面。手绘图的最终目的是通过熟练的表现技巧,来表达设计者的创作思想、设计理念。快速的徒手画如同一首歌、一首诗、一篇文章,精彩动人,只有不断地完善自我,用生动的作品感染人,才能实现自身的价值。

设计师在设计创作过程中,需要将抽象思维转化为外化的具象图形,手绘表现是一种最直接、最便捷的方式。它是设计师表达情感、表现设计理念、诉诸方案结果的最直接的"视觉语言"。其在设计过程中的重要性已越来越得到大家的认同。

设计师在注重追求设计作品品位的同时,也要注重工作效益的提高。作为技术性较强的景观手绘表现图,每位设计师和学生都有自己的表现方法和习惯,但是如果充分借助并结合当今的科技手段,将会更加准确快速地完成景观手绘表现图的创作。

一、钢笔徒手画与表现

园林景观设计者必须具备徒手绘制线条图的能力。因为园林景观设计图中的地形、植物和水体等需徒手绘制,且在收集素材、探讨构思、推敲方案时也需借助于徒手线条图,绘制徒手线条图的工具很多,用不同的工具所绘制的线条特征和图面效果虽然有差别,但都具有线条图的共同特点。钢笔徒手画的画法有以下几个方面。

(一)钢笔徒手线条

钢笔画是用同一粗细(或略有粗细变化)、同样深浅的钢笔线条加以叠加组合,来表现物体的形体、轮廓、空间层次、光影变化和材料质感。要作好一幅钢笔画,必须做到线条美观、流畅,线条的组合要巧妙;要善于对景物深浅做取舍和概括。

学画钢笔画的第一步,要做大量各种线条的徒手练习,包括各种直线练习、曲线练习、线条组合练习点圆等的徒手练习。初学者要想画出漂亮的徒手线条,就应该经常利用一些零碎时间来做线条练习,即所谓"练手"。

(二)钢笔线条的明暗和质感表现

钢笔线条本身不具有明暗和质感表现力,只有通过线条的粗细变化和疏密排列才能获得各种不同的色块,表达出形体的体积感和光影感。线条较粗,排列得较密,色块就较深,反之则较浅。深浅之间可采用分格退晕或渐变退晕进行过渡,且不同的线条组合具有不同的质感表现力。表面分块不明显,形体自然的物体宜用过渡自然的渐变退晕;分块较明确的建筑物墙面、构筑物表面通常宜用分格退晕。

(三)植物的平面与立面绘图

1.植物的平面绘图

园林植物的平面图是指园林植物的水平投形图,如图6-1所示。一般都采用图例概括表示,其方法为:用圆圈表示树冠的形状和大小,用黑点表示树干的位置及树干粗细(图6-2),树冠的大小应根据树龄按比例画出。

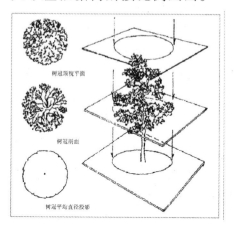

图6-1　树木的平面表示类型说明

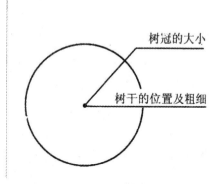

图6-2　植物平面图例表示方法

2.植物的立面画法

初学者学画树可从临摹各种形态的树木图例开始,在临摹过程中要做到手到、眼到、心到,学习和揣摩别人在树形概括、质感表现和光线处理等方面的方法和技巧,并将已学得的手法应用到临摹树木图片、照片或写生中去,通过反复实践学会合理地取舍、概括和处理。

（四）山石的表现方法

平、立面图中的石块通常只用线条勾勒轮廓，很少采用光线、质感的表现方法，以免造成凌乱。用线条勾勒时，轮廓线要粗些，石块面、纹理可用较细较浅的线条稍加勾绘，以体现石块的体积感。不同的石块，其纹理不同，有的浑圆，有的棱角分明，在表现时应采用不同的笔触和线条。剖面上的石块，轮廓线应用剖断线，石块剖面上还可加上斜纹线。

（五）水体的表现方法

1.水面的表示法

在平面上，水面表示可采用线条法、等深线法、平涂法和添景物法，前三种为直接的水面表示法，最后一种为间接表示法。

（1）线条法

用工具或徒手排列的平行线条表示水面的方法称线条法。作图时，既可以将整个水面全部用线条均匀地布满，也可以局部留有空白，或者只局部画些线条。线条可采用波纹线、水纹线、直线或曲线。组织良好的曲线还能表现出水面的波动感。

水面可用平面图和透视图表现。平面图和透视图中水面的画法相似，只是为了表示透视图中深远的空间感，对于较近的景物线条则表现得要浓密，越远则越稀疏。

（2）等深线法

在靠近岸线的水面中，依岸线的曲折作两三根曲线，这种类似等高线的闭合曲线称为等深线。通常形状不规则的水面用等深线表示。

（3）平涂法

用水彩或墨水平涂表示水面的方法称平涂法。用水彩平涂时，可将水面渲染成类似等深线的效果。先用淡铅作等深线稿线，等深线之间的间距应比等深线法大些，然后再一层层地渲染，使离岸较远的水面颜色较深。也可以不考虑深浅,而均匀涂黑。

（4）添景物法

添景物法是利用与水面有关的一些内容表示水面的一种方法。与水面有关的内容包括一些水生植物(如荷花、睡莲)、水上活动工具(船只、游艇等)、码头和驳岸、露出水面的石块及周围的水纹线等。

2. 水体的立面表示法

在立面上,水体可采用线条法、留白法、光影法等表示。

（1）线条法

线条法是用细实线或虚线勾画出水体造型的一种水体立面表示法。线条法在工程设计图中使用得最多。用线条法作图时应注意:第一,线条方向与水体流动的方向保持一致。第二,水体造型要清晰,但避免外轮廓线过于呆板生硬。

（2）留白法

留白法就是将水体的背景或配景画暗,从而衬托出水体造型的表示手法。留白法常用于表现所处环境复杂的水体,也可用于表现水体的洁白与光亮。

（3）光影法

用线条和色块(黑色和深蓝色)综合表现出水体的轮廓和阴影的方法叫水体的光影表现法。光影法主要用于效果图中。

二、马克笔、彩色铅笔上色

一幅好的景观效果图,除了有优美的线条以及正确的透视关系外,上色也是非常重要的环节之一。它是作者设计能力、绘画技巧及个人艺术修养等诸多方面的综合体现。

马克笔表现随意、自然,给人以生动、轻松之感;彩色铅笔所绘图案飘逸稳定,虚实变化且笔触丰富细腻,可根据它们的特点来表现不同的物体。一般景观表现主要以马克笔为主,它讲究笔触;以彩色铅笔为辅,更适合过渡,可弥补马克笔的不足。

第二节　生态理念下的景观造型设计案例

一、住宅庭院的造型设计案例

住宅庭园是依附于住宅的庭园,是该住宅居住者日常进行休闲、散步、谈话、活动的场所。在现阶段,住宅庭园一般为别墅物业拥有者所有,面积从几十平方米到数千平方米。住宅庭园一般为家庭成员内部使用,也偶尔有宾客使用。因此,在设计上应充分注重私密性和功能区分。住宅庭园一般包括前庭、入口通道、中庭、后花园、活动场地、水池、鱼池、亭子。面积大的还可以设置私家游泳池,也可以酌情设置瀑布水景。

本案例为太湖之滨一处私家别墅庭园,位于苏州西南吴中区东山上,距离市区 30km。东山风光秀丽,物产丰富,文化古迹众多。

(一)调查分析

通过现场勘查、资料数据收集对现状进行了详细调查。苏州当地为亚热带季风气候,四季分明,自然灾害少,年平均气温 16℃,降雨量为 1139mm。该别墅区依东山而建,地形西北高东南低。别墅区内土质良好,现存有大量的果树、银杏等植被,周边视野开阔,无明显遮挡物。东南侧为民宅和排洪沟,东面为公园,西边为学校。周边配套设施比较成熟,已经开发了一批别墅。

该别墅区品质高档,建筑风格为现代中式,结合了现代简约风格和苏州中式风格。

本案例为位于该别墅区中部的一栋私家别墅庭园,面积约 1400m²。园地基本位于建筑北侧,地势北高南低。且北边坡地较陡,不宜安排人员活动。建筑西边离相邻别墅建筑较近,私密性受影响(图 6-3)。

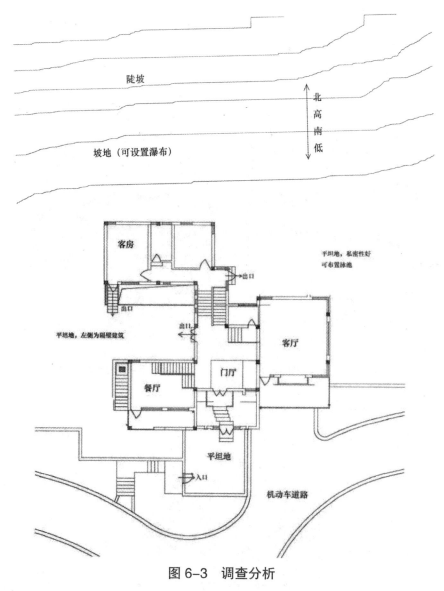

图 6-3 调查分析

经过与业主沟通交流,明确了该庭园应突出坡地景观特色,配置私家游泳池、鱼池。

(二)功能布局

考虑地形起伏、建筑出入口和功能划分,确定庭院的功能布局。泳池需要一定的私密性,而且要求地形平坦,因此放置于别墅建筑东侧。别墅建筑西侧为绿化隔离区,配置活动场地。建筑北侧依山势建造瀑布和鱼池,结合瀑布设置观景木甲板(图6-4、图6-5)。

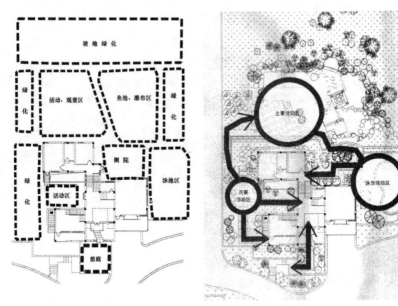

图6-4　功能布局图　　　　　　　图6-5　活动游线图

（三）方案设计

图6-6　住宅庭院设计的平面图

二、居住区景观的造型设计案例

居住区景观造型设计原则为：

（1）通过景观塑造提升居住区的生活品位，展示绿色、人文的人居环境形象。

（2）满足居民居住、休闲、休憩、观景的需求，形成景观精致优美、自然生态、功能合理的户外景观空间。

（3）延续地域文脉，提升居住区的文化内涵。

本案例为镇江某居住区，居住户数为 500 户。该居住区定位比较高档，由双拼别墅、联排别墅、多层花园洋房、小高层组成。总用地面积 8 万平方米，建筑密度 30%，容积率 1.0，绿地率接近50%。

（一）调查分析

该居住区周边配套设施完善，有完善的交通路网。居住区西边紧靠城市广场，该广场绿地率高，有很好的景观资源，视野开阔。周边建筑相对比较规整。

居住区内地势有微弱起伏，土质良好，现场无高大树木。建筑朝向均为南北向，总体比较对称。小高层在最北侧，双拼别墅在西侧靠近广场处，联排在南侧和中间偏右，花园洋房在东侧。建筑布局不活泼，景观设计需要弥补建筑布局呆板的缺陷。

（二）确定设计原则

（1）在城市中营造自然环境与健康生活相协调的生态型居住区。

（2）充分利用石材、植被的天然特点。

（3）利用地形高差汇水，形成自然性的溪流水系。

（4）不同空间应具有不同的绿化趣味。

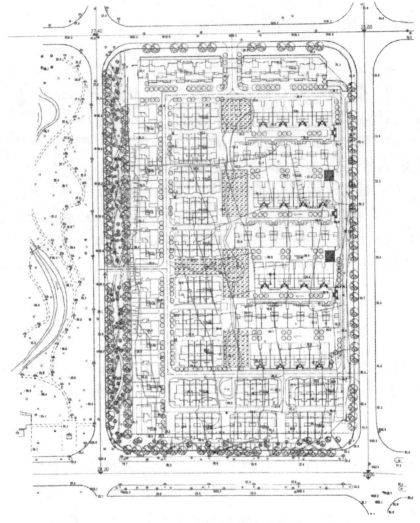

图 6-7　调查分析现状平面图

（三）确定景观结构

　　在设计区内形成三主、五次、五轴的景观结构，沿纵向方向形成三处主要景观节点，分别以瀑布水池、枫叶观景、下沉广场为主题。各个区块主要人流汇集处形成五处次要景观节点，从北往南贯穿主要景观节点形成纵向景观主轴线。在楼间布置四条横向景观轴线。五条轴线将节点连接成景观系统（图 6-8）。

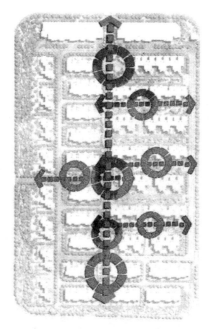

图 6-8　景观结构分析图

（四）确定方案

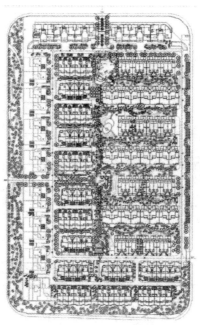

图 6-9　总平面设计图

（五）分区详细设计图

1. 节点设计一

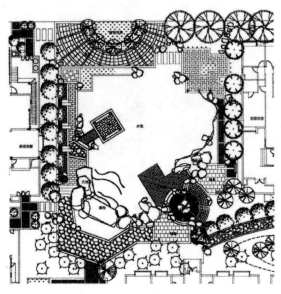

图 6-10 节点设计一

2. 节点设计二

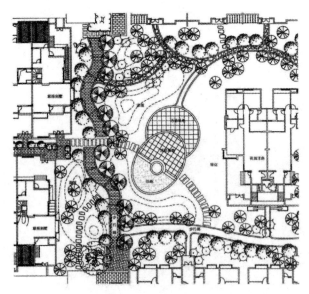

图 6-11 节点设计二

3.节点设计三

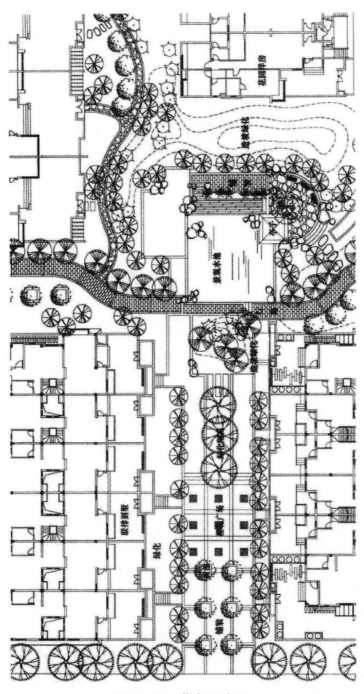

图 6-12 节点设计三

4. 节点设计四

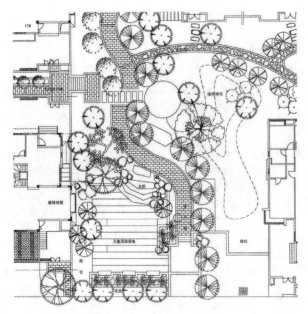

图 6-13　节点设计四

（六）确定植物

图标	名称	数量（株）	图标	名称	数量（株）	图标	名称	数量（m²）	图标	名称	数量（m²）
	香樟	71		红叶李	65		玫瑰	320		云南黄馨	65
	银杏（大）	17		贴梗海棠	69		金丝桃	134		多花蔷薇	74
	银杏	44		垂丝海棠	21		杜鹃	897		花叶蔓长春花	26
	广玉兰	47		垂柳	6		红花檵木	1031		芦苇	18
	金桂	7		五针松	4		金森女贞	447		金钟	16
	桂花	89		碧桃	108		龟甲冬青	404		菖蒲	30
	木槿	49		花石榴	68		大叶栀子	334		紫叶酢浆草	322
	樱花	113		红枫	44		金叶瓜子黄杨	369		红花酢浆草	487
	栾树	15		青枫	33		红王子锦带	481		紫露草	229
	榉树	10		芭蕉	13		法青	192		鸢尾	94
	女贞	32		橘树	9		海桐	320		四季草花	100
	水杉	6		山茶花	99		小龙柏	243		常绿草坪	6217
	朴树	40		红花檵木球	124		阔叶十大功劳	388			
	合欢	15		金叶女贞球	129		南天竺	320			
	杜英	61		海桐球	127		洒金桃叶珊瑚	425			

❋	鹅掌楸	11	◉	阔叶十大功劳	75	▦	红叶石楠H	205
❋	梅花	63	◉	火棘球	88	▦	红叶石楠	344
❋	丁香	77	◉	茶梅球	156	▦	红瑞木	211
❋	紫荆	74	◉	散顺竹		▦	绣球	301
◉	紫薇	87	◉	睡莲	103m²	▦	紫叶小檗	424
❋	散尾葵	1	◉	棕榈	3	▦	八角金盘	433
			❋	剑兰	65	▦	花叶玉簪	426

图 6-14　确定植物

(七)居住区景观设计的相关数据

1.围墙
(1)围墙立面

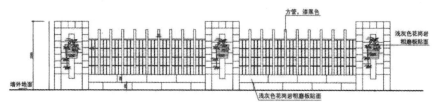

图 6-15　围墙立面

(2)围墙平面和剖面

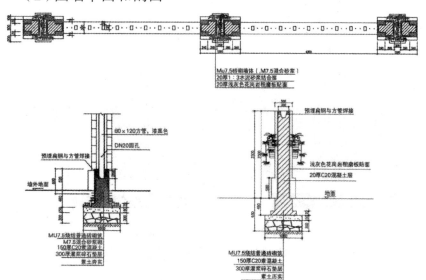

图 6-16　围墙平面和剖面

2. 院墙

（1）院墙立面

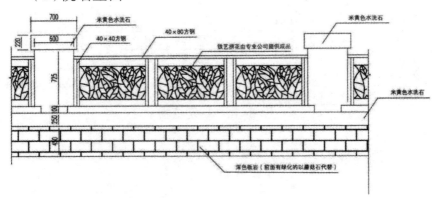

图 6-17　院墙立面

（2）院墙平面和剖面

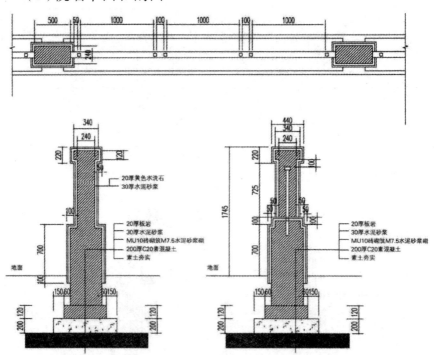

图 6-18　院墙平面和剖面

3. 花架

（1）花架立面

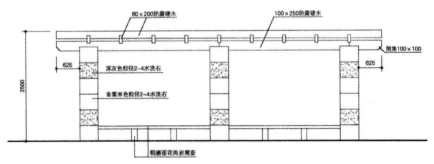

图 6-19　花架立面

（2）花架平面

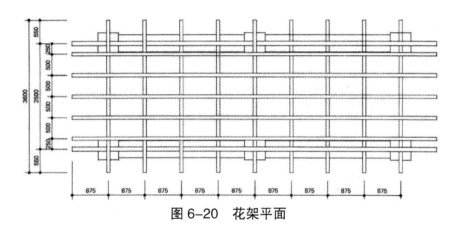

图 6-20　花架平面

4. 亭子

（1）亭子立面见图 6-21。

（2）亭子平面见图 6-22。

5. 树池

（1）树池立面见图 6-23。

（2）树池大样见图 6-24。

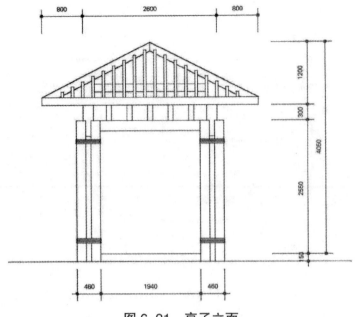

图 6-21　亭子立面

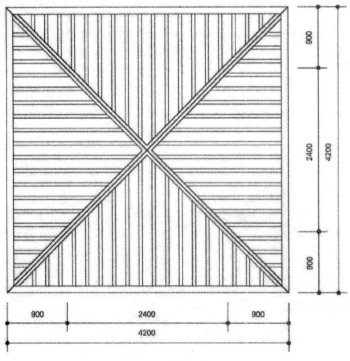

图 6-22　亭子平面

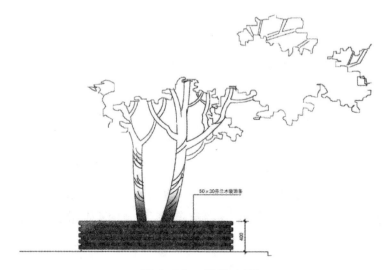

50×30芬兰木装饰条

400

图 6-23　树池立面

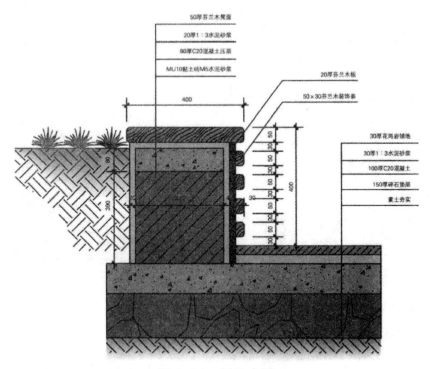

50厚芬兰木凳面

20厚1∶3水泥砂浆

80厚C20混凝土压顶

MU10黏土砖M5水泥砂浆

20厚芬兰木板

50×30芬兰木装饰条

400

30厚花岗岩铺地

30厚1∶3水泥砂浆

100厚C20混凝土

150厚碎石垫层

素土夯实

图 6-24　树池大样

三、广场景观造型的设计案例

本案例为某历史名城新火车站站前广场景观方案设计。火车站站前广场景观建设是新火车站改扩建工程的配套工程,方案设计范围由站房南、北广场组成。

(一)调查分析

首先对现状进行调查分析。该火车站地区是城市门户,但其整体形象未能充分体现经济发展和历史文化名城的特色。火车站设施已经较为陈旧,交通组织比较混乱,环境质量也有待改善和提高。此外,该地区水系较为丰富,绿化较好,但这一景观资源未得到充分利用。

充分利用现状水系,加强与环城河的联系,并延续城—水格局,是本次景观设计的重点。

用地总面积为 $63000m^2$ (图 6-25)。

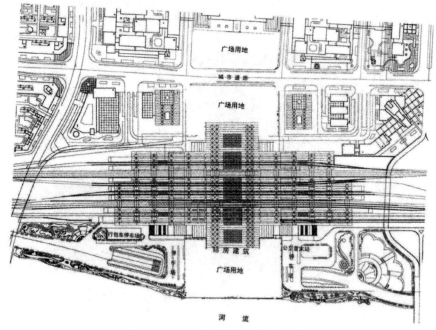

图 6-25 广场景观的调查分析

（二）确定设计原则思路

本设计应遵从整体性、生态性、创新性原则，以及布局优化原则。

注重广场景观设计与火车站，以及站前建筑群的呼应和协调。滨水地区的景观设计要充分彰显区段特色，强化广场空间的围合感，形成整体性的景观风貌。

延续城市文脉和肌理，重视开放空间和水系绿地的整合，塑造特色空间。

该区段内人流、物流量都很大，噪声污染严重，城市环境较差。因此，统筹绿化规划布局，合理选择植物种类、种植和方式，形成层次和内容丰富的绿化景观，凸显该市的地方特色和城市个性，同时改善地区生态环境。

广场设计强调以硬质景观为主，方便人流的集散。

（三）确定设计目标

充分把握火车站改造所带来的发展契机，依托站前广场及滨水地区的建设，通过景观的塑造提升城市品位，展示良好的城市门户形象。

（四）功能布局

由于用地面积大，因此根据相关规划和建筑性质，将设计区划分为三个功能版块，分别是景观广场区、交通广场区、休闲广场区。每个版块侧重功能有所不同。

景观广场区位于站房建筑南，是纯步行区域。南临环城河，与河对岸的历史城区遥遥相望，将其定位为展现城市景观特色和火车站风貌的区域。在西南设置两处水上旅游码头，形成水上旅游接待服务中心。

车站旅客主要从北侧而来，因此站房建筑北侧的步行区域设置为交通广场区，未来将主要承担旅客集散功能。

休闲广场区位于交通广场区以北,周边多为商业办公建筑,结合周边建筑功能,为旅客及市民提供休闲休息的空间。

其他绿化地带为休闲绿地,满足旅客、游客的休闲游憩需要,同时兼顾美化环境和净化空气的功能(图6-26)。

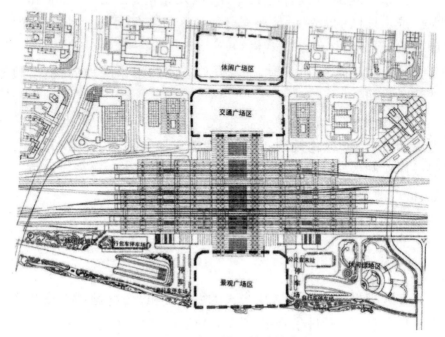

图6-26 广场景观的功能布局

(五)景观结构

景观结构形成"一纵两横、三主两次"的结构。

休闲广场内设置下沉广场,交通广场内设置旱喷,景观广场南端设置滨水展望台,形成三处主要景观节点。两侧休闲绿地人流汇集处形成次要景观节点。

纵向景观轴连接三处主要景观节点,形成本区的景观中心轴线。

结合水上码头、观景台以及次要节点,形成两条次要横向景观轴线,将景观广场和两侧绿地有机联系起来。

一纵两横三条轴线,将五处景观节点连接成景观系统。

四、办公环境造型设计案例

办公环境越来越重视景观设计。对于企业、政府机关、社团机构来说,办公环境的品质不仅影响到其工作效率,甚至关系到品牌和人文形象。对于大公司,或者注重品牌效应的公司,会委托设计师对其办公环境进行设计,作为体现企业价值和形象的重要手段。

办公环境一般依附于主体办公建筑,形成建筑外部空间;也有的位于建筑内部,形成中庭;或者位于建筑屋顶之上,形成屋顶花园。办公环境设计的功能主要有:

(1)迎宾。

(2)内部员工交流、交谈。

(3)提升企业、政府机关、社团机构的人文形象。

(4)展示品牌。

(5)增强凝聚力,提高工作效率。

(一)调查分析

本案例为某台资电子企业的环境设计,该企业主要研究、生产太阳能板、电子开关。其厂房附带一块土地,总面积4500m²。该地块基本呈不规则矩形,中间为一座大消防水池,池深近3m,池面积近3000m²。池北侧为传统风格中式建筑,南侧有一座曲桥、连接一座2层太阳能板屋。水池四周有一定的绿化(图6-27)。

经过与委托方交谈,确定环境设计的基本要求为:

(1)保留消防水池,蓄水量不得变更。驳岸需做一定的改造,搭建木甲板廊道、钓鱼台,使其具备休闲观景功能,同时保持原来的消防用水功能。

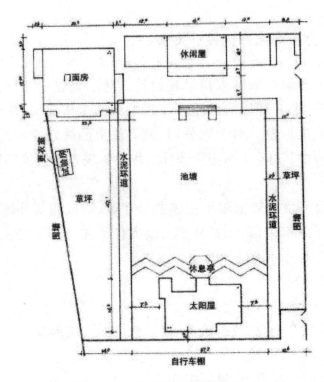

图 6-27　办公环境调查分析

（2）对绿化进行重新整治，具备一定健身功能。

（3）太阳能板屋改造为临水别墅，原有太阳能利用转化展示功能需保留，改造曲桥，使其成为休闲中心。

（4）内部不设置停车位，全部为步行。

（二）确定功能分区

以消防水池位中心，北端结合原有中式建筑，建造亲水码头和临水茶室，消防水池西、北岸建造观景游廊，形成亲水休闲区。

消防水池东侧在原有绿化基础上，改造成体育健身区。

消防水池东侧地形有所起伏，多种植常绿、色叶植被，形成植被观赏区。

北侧为原有建筑区，进行适当翻新。

南侧为新建建筑区，建造亲水别墅一座及卫生间（图 6-28）。

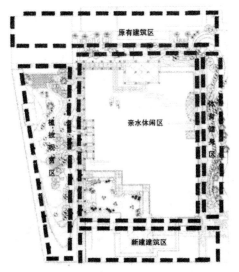

图 6-28　办公环境的功能分区

（三）确定方案平面

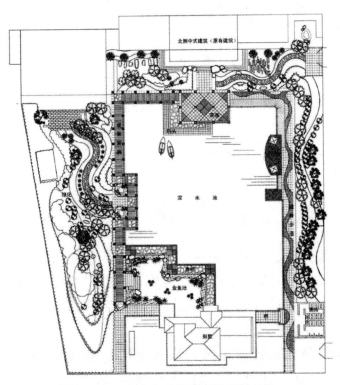

图 6-29　企业办公环境平面设计图

（四）详细设计

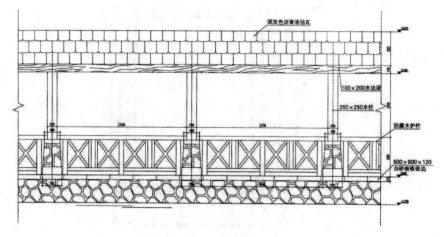

图 6-30　观景游廊立面图

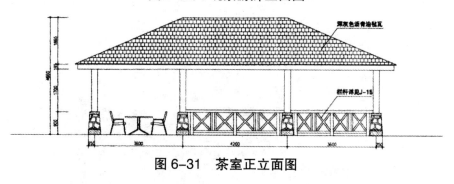

图 6-31　茶室正立面图

五、公园景观造型设计案例

（一）社区公园造型设计案例

　　社区公园是紧靠居住区、面向周边居民服务的公园。社区公园是居民进行日常休闲散步、娱乐、交往、体育运动的公共场所，同时能够有效提升居住环境品质，在灾害来临时，社区公园还是主要的室外避难地。

　　社区公园包括居住区公园和小区游园，居住区公园服务半径 0.5 ～ 1.0km，面积一般不低于 4km。小区游园的服务半径为

0.3～0.5km,面积一般为2km。

由于居民需求的多样性,社区公园的功能比较复杂,一般包括运动、休闲、休息、厕所、儿童游乐、停车、环保等功能。基本设施有儿童游戏设施、户外体育运动设施、坐椅、环卫设施、救灾器具仓库等。

1.调查分析

本案例为日本东京某社区公园。该公园基地呈三角形,西侧与南侧为已经建造好的住宅楼,东北侧为城市道路,基地右端有一条高压线走廊,从北向南贯通基地。基地地形平坦,无建筑物(图6-32)。

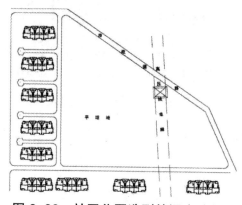

图6-32 社区公园造型的调查分析

2.确定功能与功能分区

社区公园主要针对周边居民服务,应达到以下功能:

(1)提供儿童游戏场所。

(2)提供仓库,以储存防灾减灾设备物资。

(3)设置厕所。

(4)人的活动远离高压线区域。

(5)提供交流、休息、活动的场所。

根据周边状况,规划五个功能区:儿童活动区、建筑区、绿化休闲活动区、隔离区、交流休憩区。

儿童活动区在基地北端,紧靠建筑区和住宅,有利于家长看护。

建筑区在中部偏北,提供管理、仓库储存、更衣、厕所功能。

绿化休闲活动区位于基地西南部分,面积最大,与西侧和南侧住宅楼视线通畅。其主体为大草坪,周边乔灌木绿色植被环绕。

隔离区在高压线走廊下方,确保人的活动远离高压线。

东侧环境相对比较幽静私密,布置交流休憩区(图6-33)。

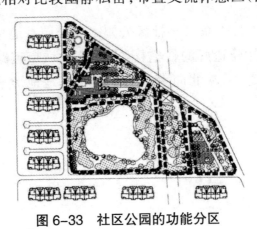

图6-33 社区公园的功能分区

3. 确定方案

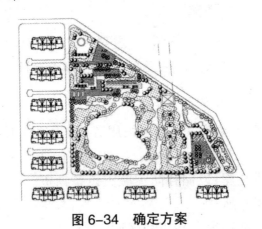

图6-34 确定方案

(二)体育运动公园造型设计案例

体育运动公园面向周围居民和其他使用者,提供体育运动的场所和设施。与一般性体育场馆相比,体育运动公园将体育设施与公园景观融合在一起,可以更好地达到放松身心、健身锻炼的目的。除了竞技性运动以外,体育运动公园更多地提供日常健身活动场所和器械。由于现代社会人们工作压力大,越来越注重日常健身锻炼,因此,体育运动公园的需求越来越强。随着使用者的增加,需要配套餐饮、娱乐、停车等功能。

　　体育运动公园一般设置在人流容易到达的地方,一般包括户外体育运动场、体育馆、草坪绿化、休息区、停车场、管理区等。运动设施面积一般不应超过总面积的一半。

　　体育运动公园的功能为:

　　(1)提供日常运动健身场地。

　　(2)组织体育运动比赛。

　　(3)散步、休闲、娱乐。

　　(4)餐饮、交流。

1.调查分析

　　本案例为某特大城市体育运动公园。该公园位于山坡脚下,西侧、南侧为山林绿化保护区,北侧与东侧均为住宅区。公园基地比较平缓,南高北低。基地土质良好,适宜植被。无明显地质缺陷,可以建造大型场馆(图6-35)。

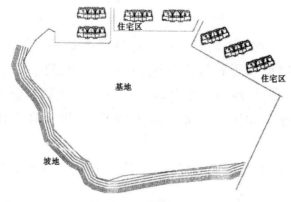

图6-35　调查分析

经过调查,确定该体育运动公园应提供以下功能:

（1）户外标准田径场,可供比赛使用。

（2）周边居民散步、休闲、日常健身。

（3）球类运动场地、垒球活动场。

（4）游泳运动场地。

（5）儿童活动场地。

（6）室内标准球场。

2.功能分区

根据地形条件和不同运动场所的特点,确定功能分区。共划分为入口区、儿童活动区、场馆区、水泳区、球类运动区、广场区、田径区、垒球活动区、休闲散步区、绿化区共 10 个区。

由于人流主要从北侧、东侧而来,故入口区设置在东北端,分步行入口和车行入口,车行入口一侧设置停车场。

儿童活动区设置在东北端,紧靠住宅区,方便居民日常使用和照看儿童。

场馆区设置在中部偏北,地形最为平坦,紧靠公园出入口,便于大规模人流、车流疏散。场馆区内兼顾公园管理功能。

球类运动区和水泳区布置在北侧,紧靠住宅区和场馆区,方便居民进行日常健身运动,同时也可举行专业赛事。

基地东侧、入口区南面布置休闲散步区,设置林地、草坪、休息椅,该区紧靠东部住宅区,作为居民日常散步休息场所。

田径区和垒球活动区在进行比赛时会有一定噪声,对周边居民有干扰,因此布置在远离住宅的位置。田径区占地面积较大,布置在中部偏西,使用者相对较少垒球互为比较专业性的群体球类活动,垒球活动区占地面积较大,布置在田径区与休闲散步区之间。

广场区布置在基地的中间,是周边各个体育活动场地的联系节点。

西侧、南侧布置绿化区,形成林带,与山林绿化保护区连为一体(图 6-36)。

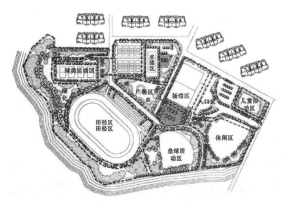

图 6-36　体育运动公园的功能分区

3. 确定方案

图 6-37　确定方案

（三）植物园造型设计案例

植物园是提供植物观赏、研究、保育和教育功能的公园。现代植物园种类繁多，根据其主体功能，大致可以分为以下几类：

（1）学术研究型植物园。主要进行植物分类、形态、生理、生态、遗传等方面的学术研究。

（2）地域型植物园。展示、研究、收集东亚、南亚、中国、日本、欧洲、非洲、北美等特定地域的植物。

（3）生态型植物园。展示、研究、收集高山、湖泊、沙漠、洞穴、森林等特定生态系统的植物。

（4）特定植物种群型植物园。展示、研究、收集特定植物种群，如松柏类、杜鹃、郁金香、梅等。

（5）生产性植物园。引进、培育新品种，大量培育植物。

（6）观赏性植物园。以休闲、观赏性为主要功能。

（7）教育型植物园。作为植物教育基地，促进人们了解植物。

（8）综合性植物园。面积较大，容纳多种植物，具备植物展示和教育、学术研究、引进培育新植物种、休闲等功能。

植物园可以单独设置，也可以设置在大型综合公园、风景区内。一般来说，中等规模的植物园需要配置足够的停车场，设置游客休息处和餐饮店，配备明确的标识指示系统和解说系统。

综合性植物园为了兼顾研究和教育，一般按照植物分类进行空间的划分。除了户外植被以外，还会配置温室植物展示区、水生植物展示区、苗圃、图书室、实验室、教室、管理设施、停车场、餐饮设施等。

1. 调查分析

本案例为某高山植物园，总面积约 $30hm^2$。基地位于某高山西麓，西、南为机动车道路，东、北为山道。基地总体东北高、西南低。现状基本为当地杂木林，没有保护价值。基地中部陡坡西为相对低洼地，有汇水池塘。基地大部分为缓坡，陡坡少，裸露石块少，土质均实稳定，适宜种植植被（图6-38）。

2. 确定功能布局

本案例占地规模大，有充足的财政投入，因此规划为综合性植物园，共划分为9个功能区。

入口与管理区放置于西侧，紧靠西边南北向机动车道，方便客人进出。该区设置停车场和管理建筑，是整个植物园的管理与研究中心。

温室区设置在入口与管理区北，此处地形平坦，适宜建造大型建筑物，且紧靠入口，方便车辆进出。温室区主体建筑为温室，恒温种植、培育、展示热带和沙漠植被。温室内布置洗手间、餐饮和休息功能。

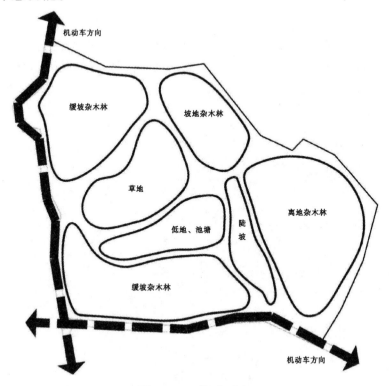

图 6-38　调查分析

温室区东、北侧布置休闲娱乐区,主要针对温室利用者,进行户外休闲散步使用。休闲娱乐区设置儿童户外游戏设施和大草坪。

入口与管理区东侧地形平缓、光照充足,布置花木类植被观赏区。内部包括杜鹃园、梅园、紫薇园和玫瑰园。

花木类植被观赏区以东为原有池塘,地势低洼,进一步开挖形成池塘,布置水生植被区。

花木类植被观赏区以南原为杂木林,布置植物展示与保育区,包括保育基地、苗圃、针叶林区、阔叶林区和常绿林区,是生产、展示、研究植被的主要基地。

陡坡东部为高地,地势高,气温低、风大,布置为高山植被保育区,主要保护、展示高山生态系统型植被群落。

　　高山植被保育区以北地势下降,背风,视野开阔,布置为住宿与餐饮接待区。主要供在植物园集体活动者和在此过夜者使用。

　　住宿与餐饮接待区以北为本地植被保育区,主要保护、培育、展示当地植物。里面主体为地域植被园,其西部设置外来植被区(图 6-39)。

图 6-39　确定功能布局

3. 确定方案

图 6-40　确定方案

（四）综合公园造型设计案例

综合公园占地面积大，使用人数多，使用者年龄跨度大，设施设备比较完整。其功能也最为复杂，主要功能包括休闲、观景、生态环保、娱乐、文化传播、游戏、游玩、教育、体育运动等，附属功能包括餐饮、厕所、救助、管理、停车等。在公园体系中，综合公园等级高于社区公园，其服务半径覆盖整个城市或者整个区。

大型综合性公园一般包括休息餐饮区、游戏娱乐区、儿童活动区、管理区、植被绿化区等。

必备的设施主要有公园管理建筑、游乐设施、文化设施（博物馆、画廊等）、体育设施、餐饮设施、休息设施、环卫设施、公园指示和标识设施、停车场等。

1. 调查分析

本案例为长江边上一处公园，总面积约 $20hm^2$。经过与委托方交流，确定公园性质为综合性公园，满足周边居民日常休闲、游憩需求，同时该公园应体现文化特色，建造一条民俗文化老街，进行民俗文化用品的制造和买卖。

确定委托方意图后，进行现场调研，并按照地形图制作了基地高程等级图、坡度等级图。基地东临城市干道，西靠长江，总体呈不规则梯形。地块地形基本平坦，西南侧和西北侧有凸起的石山。基地西部 1/3 位于长江防波堤之外，地面均为江砂。基地中部为废弃的村落，建筑基本没有保留价值。基地东部地势低洼，有池塘和植被。

根据地块条件，制作建设条件分析图。长江防波堤之外不具备建设条件，故划分为滨江非建筑区。地块东侧道路红线后退15m 范围内为城市绿线范围，为非建筑区。凸起的石山坡度较陡，为坡地非建筑区。其他为可建设区（图 6-41）。

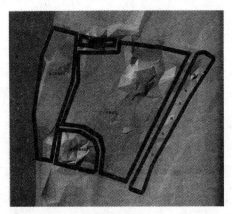

图 6-41

2.确定功能布局

根据地块条件和委托方意图,规划 8 个功能区。

入口与服务区基地位于东侧偏北,紧靠城市道路,主要承接从北向南而来的人流。该区包括主入口、临街商铺、售票点、停车场和接待服务大厅。

基地东侧临道路的部分和北侧,布置绿化隔离区,通过高密度绿化降低周边道路和建筑对公园的干扰。

入口与服务区以西为老街文化区,布置步行一条街,主要进行文化制品、民俗工艺品、当地特色食品原材料的销售和制作。内部设置当地小吃食肆。

基地中部偏东南布置园林会所配套设施区,主要提供餐饮、住宿、会议服务。主体建筑为西北、东南走向,目的是使房间尽量朝向西边的长江,实现视野的开阔。园林会所配套设施区东南临道路处布置次入口。

园林会所配套设施区西侧布置户外主题休闲娱乐区,主要为以观赏为主要功能的四季性花卉主题园,方便会所和老街利用者用餐后或者购物后休闲散步。通过景观河道将园林会所配套设施区、户外主题休闲娱乐区与老街入口区隔开,从而避免老街上游人过多对会所环境造成影响。结合水主题布置相关活动如垂钓、划船项目,形成水主题文化休闲区。基地南部有陡坡石山,在林区山上最高点设置茶室,可以观赏江景;防波堤以外设置建构物,江边布置栈桥,码头区汀面游览沿岸线上设置游步道和临江广场,形成码头区和滨水文化散步区。

3. 确定游线布局

主入口至步行一条街、次入口至园林会所建筑,形成主要人流线路。其他次要人流线路贯穿各个功能区。

4. 确定方案

图 6-42　方案平面图

六、滨水区规划设计

滨水区是临海、临湖、临河的区域,具有得天独厚的亲水资源。在城市化快速发展的今天,滨水地区的环境价值受到重视,国内外很多地方政府都投入巨资进行滨水区的开发和改造。成功的滨水区开发不仅会大大改善一个城市的空间环境质量,而且在促进城市功能转变、提升城市竞争力方面会起到重要作用,滨水区开发成功的先决条件之一是必须有合理、科学、具有前瞻性的规划设计,其中,景观设计是重要的因素之一,滨水区的主要功能有:

（1）物流、航运。

（2）旅游观光。

（3）休闲、游憩、娱乐。

（4）交流、交往。

（5）植被和生态系统保护。

（6）文化交流。

（7）水上运动、沙滩运动。

（8）观景。

本案例为沿长江某区域中心城市新区的滨水区规划。该城市为国家历史文化名城，风景旅游城市，具有良好的自然资源和人文资源。其新区核心区南侧为谷阳湖，是由水库形成的人工湖。本案例规划区域以滨湖景观为特色，总面积近 400hm^2（图 6-43）。

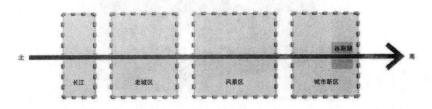

图 6-43　滨水区与城市关系图

（一）调查分析

现状用地主要由水体、湿地、荒地、农民菜地等自然性状态土地组成。西侧有较为集中的村落住宅。大坝和相关设施集中在东侧。湖中半岛突出在水中。

区内基本为步行小道，缺乏系统的道路。

规划区现状水体水质较好，四周具有开阔的天际线和自然性岸线，野生植被丰富，向西直接看到长山山脉。人口密度低，建设基础良好。大坝是重要的景观要素，必须予以合理的改造。

在现状调查的基础上，制作土地利用现状图、高程、坡度、坡向分级图（图 6-44 至图 6-45）。这些图纸能使设计者直观地把握地块状况。

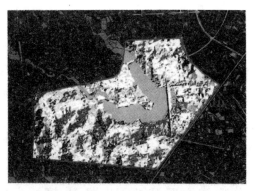

图 6-44　滨水区现状坡向图

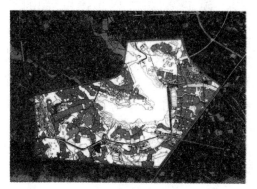

图 6-45　滨水区土地利用现状图

（二）确定滨水区的功能

经过与委托方协商，以及对周边城区需求的分析，确定滨水区功能为展现新区风貌形象的窗口，集居住、游憩、休闲、文化、展示功能为一体。具体功能为：

（1）城市次中心的重要组成部分，城市发展的节点。

（2）完善新区中心区功能的主要版块，推进城市建设的重要环节。

（3）区域内重要的居住、休闲基地，以滨湖为特点的城市文化展示中心。

（三）确定功能布局

根据现状地形地貌特点和相关规划,划分为四个功能区:低密度居住区、休闲娱乐区、文化展示公建区和公园区。

低密度居住区位于规划区西侧,以高品质的别墅和花园洋房为物业特色。

休闲娱乐区位于湖中半岛,以餐饮、度假、休闲、艺术、娱乐、商业功能为主,是区域性的文化、休闲娱乐中心。

文化展示公建区位于规划区北端,北接城市行政核心区,主要布置文化、展示、娱乐、酒店等公共建筑,同时兼顾商业、办公、金融、管理功能。

公园区位于谷阳湖东侧和南侧,这里环境幽静、景观视野开阔,规划湿地游憩公园和体育运动公园两部分。湿地游憩公园以儿童游憩、湿地植物展示和培育为主要功能,体育运动公园以综合性体育运动为特色的公园。

（四）确定景观结构

以环湖岸线和中心景观轴线为依托,形成扇形的混合公建区、三纵一横的空间轴线和三个空间核心。

扇形的混合公建区:以城市行政核心区为依托,在湖北侧形成以文化展示为主的混合公共建筑带,有助于带动区块的滚动开发。

三纵一横的空间轴线:以纵向绿化景观轴为依托,形成纵向空间主轴。以文化展示公建区建筑群沿次干道形成两条纵向空间次轴。湖南岸公共区域形成横向空间轴线。

三个空间核心:根据空间、景观和人流聚集方向,确定商业服务区、公建区湖滨拓展空间和体育运动中心三个核心空间。

（五）确定总体方案

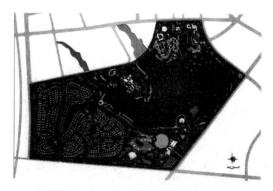

图 6-46　滨水区景观总体方案

（六）详细设计

1. 休闲娱乐区设计

休闲娱乐区所在湖中半岛,拥有滨水区最好的景观资源,可以满足周边休闲娱乐需求,见图 6-47。规划设施为商业中心、度假宾馆、餐饮、酒吧、艺术村、游艇码头。

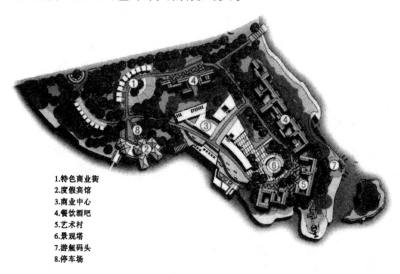

1.特色商业街
2.度假宾馆
3.商业中心
4.餐饮酒吧
5.艺术村
6.景观塔
7.游艇码头
8.停车场

图 6-47　休闲娱乐区设计

2.低密度居住区详细设计

低密度居住区以多层花园洋房、联排别墅为主。南、北各有一处会所,湖水引入小区内,做到风景入户、曲水流筋,见图6-48。

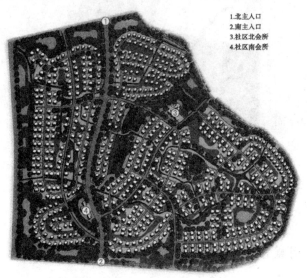

1.北主入口
2.南主入口
3.社区北会所
4.社区南会所

图6-48　低密度居住区

3.体育运动公园设计

体育运动公园拥有大面积的绿地和开阔的景观视野,是滨水区的绿肺,见图6-49。主要入口布置在东侧靠城市道路处,配置大规模停车场。内部配置体育馆、管理中心、各类球场、运动草坪。

4.临湖岸线设计

临湖岸线尽量采用自然性设计手法,不设置硬质驳岸,而是采取缓坡入水的手法,在个别人流汇集处设置亲水台阶,在湖边5 ~ 10m处设置沿湖步行道,见图6-50。

1.垒球场
2.漫步草场
3.室外运动场
4.滨湖景观带
5.运动草坪
6.体育馆
7.体育服务中心
8.音乐台
9.停车场

图 6-49　体育运动公园设计

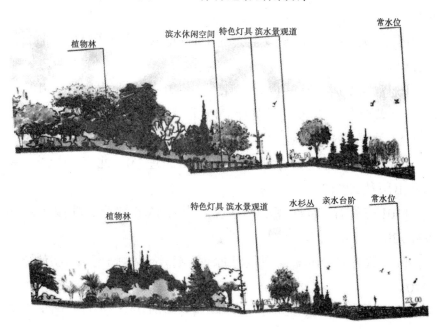

图 6-50　临湖岸线设计

参考文献

[1]（美）罗特（Rottle, N.），（美）尤科姆（Yocom, K.）著；樊璐译.生态景观设计 [M].大连：大连理工大学出版社,2014

[2]（美）普莱曾特著；姚崇怀,王彩云译.造园丛书：景观设计 [M].北京：中国建筑工业出版社,2000

[3]曹福存,赵彬彬.景观设计 [M].北京：中国轻工业出版社,2014

[4]曹洪虎.园林规划设计 [M].上海：上海交通大学出版社,2011

[5]戴天兴.城市环境生态学 [M].北京：中国建材工业出版社,2004

[6]董君.别墅庭院设计 [M].北京：中国林业出版社,2013

[7]董晓华.园林规划设计 [M].北京：高等教育出版社,2005

[8]付军.城市绿地设计 [M].北京：化学工业出版社,2009

[9]公伟,武慧兰.景观设计基础与原理 [M].北京：中国水利水电出版社,2013

[10]胡先祥,周创伟.园林规划设计 [M].北京：机械工业出版社,2007

[11]黄春华.环境景观设计原理 [M].长沙：湖南大学出版社,2010

[12]孔祥峰.城市绿地系统规划与设计 [M].北京：化学工业出版社,2009

[13]李敏.城市绿地系统规划 [M].北京：中国建筑工业出版社,2008

[14] 李铮生.城市园林绿地规划与设计 [M].北京：中国建筑工业出版社,2006

[15] 李仲信.城市绿地系统规划与景观设计 [M].济南：山东大学出版社,2009

[16] 蔺宝钢,吕小辉,何泉.环境景观设计 [M].武汉：华中科技大学出版社,2007

[17] 刘福智.园林景观规划与设计 [M].北京：机械工业出版社,2011

[18] 刘颂,刘滨谊,温全平.城市绿地系统规划 [M].北京：中国建筑工业出版社,2011

[19] 刘扬.城市公园规划设计 [M].北京：化学工业出版社,2010

[20] 马建武.园林绿地规划 [M].北京：中国建筑工业出版社,2007

[21] 曲娟.园林设计 [M].北京：中国轻工业出版社,2012

[22] 任福田.城市道路规划与设计 [M].北京：中国建筑工业出版社,1998

[23] 邵力民.景观设计 [M].北京：中国电力出版社,2009

[24] 王浩.园林规划设计 [M].南京：东南大学出版社,2009

[25] 王绍增.城市绿地规划 [M].北京：中国农业出版社,2005

[26] 王秀娟.城市园林绿地规划 [M].北京：化学工业出版社,2009

[27] 徐文辉.城市园林绿地规划设计 [M].武汉：华中科技大学出版社,2007

[28] 许浩.景观设计：从构思到过程 [M].北京：中国电力出版社,2010

[29] 许浩.绿地系统与风景园林规划设计 [M].北京：化学工业出版社,2014

[30] 杨赉丽. 城市园林绿地规划 [M]. 北京：中国林业出版社，2012

[31] 杨瑞卿，陈宇. 城市绿地系统规划 [M]. 重庆：重庆大学出版社，2011

[32] 杨小波，吴庆书. 城市生态学 [M]. 北京：科学出版社，2006

[33] 俞孔坚，刘冬云，孟亚凡. 景观设计：专业、学科与教育 [M]. 北京：中国建筑工业出版社，2003

[34] 俞孔坚. 景观：文化、生态与感知 [M]. 北京：科学出版社，2000

[35] 曾先国. 景观设计 [M]. 合肥：合肥工业大学出版社，2009

[36] 翟艳，赵倩. 景观空间分析 [M]. 北京：中国建筑工业出版社，2015

[37] 赵晶夫. 城市道路规划与美学 [M]. 南京：江苏科学技术出版社，1996

[38] 郑强，卢圣. 城市园林绿地规划 [M]. 北京：气象出版社，2001

[39] 周初梅. 城市园林绿地规划 [M]. 北京：中国农业出版社，2006

[40] 周敬. 景观艺术设计 [M]. 北京：知识产权出版社，2006

[41] 朱小平，朱彤，朱丹. 园林设计 [M]. 北京：中国水利水电出版社，2012